变电站用双臂起吊机械设计

——多约束多工况下的变电站专用吊装设备研制与应用研究

主　编　关华深　李晓斌　邹　巍

副主编　侯维捷　姚　攀　关俊峰

　　　　　周祥曼　文洪兵

哈尔滨工业大学出版社

内 容 简 介

随着我国现代化进程和脱贫攻坚的持续展开，我国的用电需求正在急剧增加，但某些交通不便的地区在进行电力作业时仍然存在困难。此外，目前国内的吊装设备大多数是吊物与载人分开，而实际工作中保持两部设备同步是十分困难的，这就增加了作业的难度和能源的消耗，还具有相当的危险性。在进行设备维护与更换时，为了确保吊装作业的过程中能够与带电设备保持足够的安全距离，需要采用全站停电或者扩大站内停电设备范围的措施，不仅增大了工作量，大大延长了工作时间，还对供电可靠性产生了不良影响。为了解决实际存在的工程难题，设计变电站用双臂起重机械急迫且必要。本书采用理论研究、数值仿真模拟、工程样机试制和实机测试，以及与实际工程应用相结合的方法，开展了多约束多工况下的变电站专用吊装设备研制及应用研究，研制的设备基本满足电力设备吊装工况下的使用需求。

本书不仅可用于指导变电站起吊装备的设计，也可作为其他方面吊装设备设计的参考。

图书在版编目(CIP)数据

变电站用双臂起吊机械设计:多约束多工况下的变
电站专用吊装设备研制与应用研究/关华深,李晓斌,
邹巍主编. —哈尔滨:哈尔滨工业大学出版社,
2024.2
ISBN 978 - 7 - 5767 - 1104 - 2

Ⅰ.①变…　Ⅱ.①关…　②李…　③邹…　Ⅲ.①变电所
-吊装设备-机械设计　Ⅳ.①TM64

中国国家版本馆 CIP 数据核字(2023)第 213149 号

策划编辑　杨秀华
责任编辑　丁桂焱
出版发行　哈尔滨工业大学出版社
社　　址　哈尔滨市南岗区复华四道街 10 号　邮编 150006
传　　真　0451 - 86414749
网　　址　http://hitpress.hit.edu.cn
印　　刷　哈尔滨市颉升高印刷有限公司
开　　本　787 mm×1 092 mm　1/16　印张 11.25　字数 271 千字
版　　次　2024 年 2 月第 1 版　2024 年 2 月第 1 次印刷
书　　号　ISBN 978 - 7 - 5767 - 1104 - 2
定　　价　78.00 元

编　委　会

前　　言

　　我国幅员辽阔,人口众多,随着我国经济不断发展,用电需求逐年增加,国家大力进行电厂建设,加大电网建设和电网改造力度。以前我国用电以火电为主,核电、水力发电、光伏发电(太阳能发电)、风力发电占比不大。由于发电用的化石能源无法再生,地球上化石资源将越来越少,同时为保护环境,减少温室气体排放对地球环境的影响,中国向世界做出了力争2030年前实现碳达峰、2060年前实现碳中和的庄严承诺。近年来我国对传统火电厂进行升级改造,对污染大、能耗高的发电机组进行淘汰,逐步关停了小的火电厂。火电使用比例逐年减少,新型电力能源的开发应用比例逐年上升,如核电、水电、风电、光伏发电(太阳能发电)等。据统计,目前我国风力发电占全国电力供应的14%,光伏发电(太阳能发电)占全国电力供应的13%,且增长势头迅猛。

　　随着科学技术进步对经济的推动,人民生活发生了翻天覆地的变化,燃油动力车正在逐渐被清洁电力汽车替代;互联网的使用,通信手段的提升,使人们的沟通渠道更加畅通;空调、冰箱、电磁炉等各种家电使用越来越多,让人们的生活更加舒适;机械化、智能化设备及机器人的使用,让人们从繁重的体力劳动中解放出来……没有电,这一切都将无从谈起。

　　由于各地电力资源不平衡,电网供电能力不稳定,导致全国多地在特殊季节或某个时间段,出现用电高峰,有的地方电网供电不足,有的地方电网超载,导致用电不安全。当地供电部门只能根据具体情况,在不影响人们基本生产生活用电的基础上,不得已对局部地区采取拉闸限电措施。

　　为了满足日益增加的用电需求,在发电方面,各种水力发电厂、风力发电厂、太阳能发电厂、太阳光伏发电厂相继建设中,有的开始并网发电。在输电方面,采取了西电东送、特高压输电等措施,效果显著;在水能电、风电、光电方面,由于大自然的风力、太阳光线受自然规律和气候的影响,人力无法掌控,导致发电和用电不能同步化,采用潮流互济形式也会逐渐形成常态化。

　　电能的使用领域将越来越广,电的需求会越来越大。只有解决好发电、输电、用电之间的矛盾,才能满足人们对电能随时随刻的需求,才能时刻安全足量即时地将电送达;只有建设好一个强大的电网系统,才能完成此项任务。这就对电网建设和改造提出了更高的要求,一个强大的电网系统应有足够的输变电能力及较高的电网智能化管理水平。

电网建设和电网改造任重而道远,永远是进行式,在此期间各种输变电设备、贮能设备、控制设备等将会大量使用。我国大地广袤,地质及气候条件差别很大,建设高效电网,需要克服诸多如大海、河流、高山、峡谷、高原等地理条件的影响,有时候不仅建设难度大,而且工期有限。为了有效降低电网安装过程中的风险,提高安装效率,缩短安装工期,使用高效、安全的起吊设备就显得尤为重要,为此编者编写了本书,旨在为吊装设备研制提供设计方案。

本书从实际出发,对吊装设备使用的作业空间、电磁环境、气候条件等因素进行了充分考虑,对组成吊装设备的各系统构件,从力学计算、动力学分析等方面进行了详细的描述。本书不仅可用于指导变电站起吊装备的设计,也可作为其他方面吊装设备设计的参考。

在编写本书的过程中,编者参考了一些国内外文献、资料,在此向相关学者表示感谢。限于作者水平和编写时间,书中难免有疏漏之处,敬请读者指正。

编　者

2023 年 11 月

目　　录

第1章 绪 论

1.1 概 述

1.1.1 电力系统基本介绍

我国目前的电力系统可以划分为四个部分:电源侧、电网侧、负荷侧、储能。电力的生产和使用也就是发电、送电、用电这三个过程;电源侧也就是发电端;电网侧即是送电主体;负荷侧即是用电端;储能是新型电力系统特有的环节,起到保障电力系统安全,保持电力系统的稳定运行,起升电力质量等作用。

具体来看:

(1)电源侧:目前我国的电力根据生产方式分类可以分为火电、水电、风电、光伏发电和其他类型。结构上看,火电是我国的第一主体电源,水电是我国第二主体电源,2011年我国火电、水电占比分别为73%、22%;风光新能源是我国目前政策推动的方向,近年发展迅速,成为我国新的两大电源,2011~2021年风电、光伏占比分别从4%、0%上升至14%、13%。

(2)电网侧:其主要功能是将电源侧生产的电通过输电、变电运输至负荷侧,我国的电网侧由国家电网和南方电网两家组成。

(3)负荷侧:即用电端,其与我国经济发展息息相关,负荷侧包括第一、第二、第三产业用电,以及城镇、农村居民用电。

(4)储能:传统电力系统中不包括储能环节,而新型电力系统中,储能具有建设必要性。储能充当一个可控制用电、发电的设备,目的是保证电网稳定运行。传统电力系统中,电源基本是火电和水电,其供应较为稳定,并且可控性较高,可以通过负荷侧的用电需求来调整发电出力。而随着新能源的逐步接入上网,新能源的不稳定性、间歇性的影响越来越大,这会让电网的电压、电流不稳定,因此电网需要一个特别的"电源"在电力过剩时消化电力,电力不足时补充电力,而储能便作为这个特殊"电源"保证电网的稳定运行。

1.1.2 我国电力系统在不同时期的发展

我国电力系统发展历程可以划分为四个阶段,电源侧从发电量的增长到电源结构变化,从小机组到大机组;电网侧从低压、小范围输配电到高压、省统一电网、跨省电网。中华人民共和国成立以来,电力行业发展已70余年,从我国经济发展的角度来看,电力系统的发展,可以划分成以下五个阶段。

1. 重工业为主发展战略推动下的电力工业发展阶段(1949~1978年)

发电建设方面,该时期属于电力发展初期,以增加发电总量,满足工业需求为主。在此阶段我国正处于发展初期,快速提高电力供给以支承工业发展是主要目标。第一个五年计划时期,我国确立优先发展重工业的工业化战略,而电力等能源行业是发展重工业的保障,因此中共中央在1953年表示煤、电、石油工业是国家工业化发展先行工业,由此电力行业进入快速量增的时期。在1949~1978年间电力产量复合增速为14.7%。

电网建设方面,该时期经过了小范围、低压电网到省独立电网、高压电网的历程。在中华人民共和国成立初期,中国广大地区大多是以城市为供电中心的孤立电厂和相应的低压供电。除东北地区有小规模的154~200 kV高压电网,京津唐地区有联系微弱的77 kV电网以及上海市有33 kV电网以外,其他地区没有单独的22 kV或33 kV输电线路,电网建设非常落后。而随着电力工业的大力推进,不但各省市相继建设了省独立电网,华北、华东、东北等地区还建成了多条高压输电线路,比如东北地区的丰满至李石寨的松东李220 kV高压输电线路、华北地区的北京和天津之间架设了第一条110 kV线路等。1972年,西北电网首次建设刘家峡至关中的跨省电网,电压等级首次达到330 kV。

2. 改革开放后20年的中国电力发展(1979~1999年)

电源建设方面,该时期我国发电量快速增长,发电结构开始多元化,发电机组大型化。改革开放后的20年间,电力生产能力大幅度起升,从1978年到2000年,我国发电装机和发电量先后超越法国、英国、加拿大、德国、俄罗斯和日本,居世界第二位。1987年发电装机突破1亿kW,1995年超过了2亿kW,2000年跨上3亿kW的台阶。20世纪90年代,浙江秦山核电站和广东大亚湾核电站的相继建成投运,改变了我国电源结构长期以水电和火电为主的局面。另外,这一时期的大型发电机组显著增加,中华人民共和国成立初期,我国没有一座百万千瓦级电厂,到1978年时全国已有2座,合计装机容量2 325万kW,占全国装机容量的4.11%;到1998年全国达到69座,总装机容量8 784.3万kW,占全国装机容量的32%,百万千瓦级电厂已成为运行中的主力电厂。

电网建设方面,该时期我国形成了跨省电网并完善了省独立电网,高压输配电占比显著起升。1978年,全国35 kV及以上输电线路长度仅为23.05万km,变电设备容量为1.26亿kV·A。而1998年末,全国已建成35 kV及以上输变线路65.66万km,其中500 kV线路2.01万km(占比30%)、330 kV线路0.73万km(占比1%)、220 kV线路11.56万km(占比18%);已建成35 kV及以上变电设备容量83 427万kV·A,其中500 kV容量6 882万kV·A(占比8%)、330 kV容量1 065万kV·A(占比1%)、220 kV容量25 096万kV·A(占比30%)。高压输电的快速发展主要是因为全省独立电网的完善和跨省电网的逐步建立,经过这一阶段的发展,220 kV以上高压输电线路合计占比约一半。

3. 21世纪初中国电力发展阶段(2000~2011年)

电源建设方面,该时期装机量、发电量高速发展,是电力工业发展的黄金时期。我国进入21世纪之后迅速发展,2000~2011年之间经济增速平均11.8%,这也带来了强劲的电力需求。2000年我国装机容量为3.19亿kW,而2011年已经达到10.63亿kW,年均增长率为11.55%,发电量也由2000年的13 556亿kW·h增加至2011年的47 130亿kW·h,年均增长11.8%。

电网建设方面,该时期形成了500 kV的主网架,增加了跨省输电能力,并开工建设特高压输配电项目。东北与华北、华北与华中、华北与山东、西北与华中联网工程相继落地，全国联网初步形成，西电东送、南北互济和全国联网工程对调剂电力余缺、缓解电力供应紧张和促进资源优化配置起到了重要作用。特高压方面，"十一五"期间国家电网规划重点任务中包括建设 1 000 kV 交流试验示范工程和开工建设±800 kV 直流输电工程。1 000 kV 交流输电试验工程于 2009 年投入运行，我国自此具备特高压输送电技术，输送距离进一步起升。

4. 新时代中国电力发展阶段(2012～今)

电源建设方面，该时期化石能源逐渐枯竭、全球环境问题逐渐严峻，我国更加注重高质量发展，发电量、装机量保持世界第一的同时，清洁电源发电装机比例逐步起升，清洁能源进入量变时期。发电装机方面，至 2020 年底，我国累计发电装机容量 22 亿 kW，其中水电、风电、光伏发电累计装机容量均居世界首位，至 2019 年底，在运在建核电装机容量6 593 万 kW，居世界第二，在建核电装机容量世界第一。

我国 2020 年发电量 77 791 亿 kW·h，相较 2012 年，年均增长率达 5.72%。电源结构方面，风光比例快速增加是该时期的一大特点，2011 年风光装机占比为 4%，2020 年风光装机占比已经达到了 27%。从发电量来看，2011 年风光发电占比 1.6%，2020 年占比达到 9.5%。该时期我国重视经济发展与环境的可持续发展，重视清洁能源的发展，但是从清洁能源的装机以及发电量可以看出，清洁能源发展初期装机建设的实际效果并不理想。

电网建设方面，该时期输配电持续投入，增加了电网负荷能力，推进跨省送电通道，扩大清洁能源配置范围，并且开始建设柔性直流输电、能源互联网等新型工程。一方面，电力总量的增长提高了电网运输电力的需求，至 2019 年，35 kV 及以上输电路线长度197.5 万 km，比 2012 年增长 33.47%，其中 330 kV 及以上输电线路长度 30.2 万 km；35 kV 及以上变电设备容量 74.8 亿 kV·A，比 2012 年增长 67.71%。另一方面，新能源发电比例的逐步增加提高了新能源上网消纳的要求，推进了跨省送电的特高压建设以及电网储能和调峰功能建设，比如燃煤热电联产机组、燃煤发电机组灵活性改造、加快建设抽水蓄能电站、建设电动汽车充电设施。截至 2019 年底，全国电动汽车充电基础设施达120 万处，建成世界最大规模充电网络。

1.1.3 各时期电力系统的主要矛盾推动电网升级改造

我国各个时期的电力系统主要矛盾不同。以上电力系统发展各阶段的问题可以梳理为以下几方面。

1. 第一个时期(1949～1978 年)

电源侧重点建设电厂和扩大电力供给，电网侧配合电源建设扩大输配电范围，建立省独立电网。中华人民共和国成立初期，电源结构单一，电厂分散凋零，设备落后，电网以小范围为主。我国在这一时期的主要电力矛盾是电力供应不足和电力配送范围小。这一时期也是我国电力系统向欧美发达国家的学习和自我创新的探索，电源侧需要逐步建立电厂，解决我国经济发展带动的电力需求，电网侧需要扩大电力配送范围以及提高电力配送能力以适应发电量快速增长。

2. 第二个时期(1979~1999年)

在此时期,我国大机组比例起升,进一步起升发电量,缓解供电紧张的问题,电网逐步发展跨省电网以满足供电侧集中而用电侧分散的问题。这一时期,我国电力供给仍然较为紧缺,1978年我国平均每天限电30万kW,缺电30%以上,1975年全国缺电500万kW,1980年缺电1 000万kW,1985年缺电1 200万kW。为解决缺电问题,我国起升了大机组比例,提高了单个项目的发电量,这为保持发电量增长提供了有力支承。大机组比例起升导致电源更加集中,因此对长距离输配电有了需求,电网因此发展跨省电网,建立500 kV的高压支承长距离输电。

3. 第三个时期(2000~2011年)

我国发展特高压解决发电侧和用电侧的错位,增加电力系统保护降低风险。21世纪初期,供电紧张的问题得到缓解,特高压的建设使我国全国联网,解决了发电与供电错位的问题,这也使全国供电可靠性变高。这一时期的停电次数较少,但是停电事故的影响仍不可忽视。因此,电力系统保护愈发得到重视,2008年我国国务院发布《关于加强电力设施保护工作的通知》,其中强调了电力设施保护的重要性,要加大电力设施保护经费的投入。

4. 第四个时期(2012~今)

我国新能源发展迅速,但是消纳能力不足,电网建设着重配合解决新能源消纳。2012年起,我国电源进入高质量、绿色发展的时期,新能源比例起升明显,但是新能源发展过快,电力系统短时间无法适应,因此弃风弃光问题严重,比如2016年全国弃风率高达19%。这些问题集中在西北地区,比如新疆、甘肃、内蒙古自治区,这三个省区2018年弃风弃光电量占全国弃风弃光电量的90%以上。因此电网一方面增加特高压建设,将西北的风光输送到东部用电集中地区;另一方面建设电网储能和调节能力、创新建设柔性直流输电、提高电力系统的智能化水平,以此提高新能源消纳能力。

电力系统发展的主要任务为解决我国当时的电力主要矛盾,电网系统发展的主要任务为适应电源侧变化。历史上各时期中,当电源侧为解决供电短缺问题不断发展时,电网侧配合电源侧不断加大配送范围形成省独立电网,提高负荷电压和规模;当电源向大机组趋势发展时,电源集中化,电网继续扩大配送范围,以解决电源集中与负荷分散的问题。2022年全球可持续发展论坛中提到电力转型优化模式中,也是从当前的电力矛盾出发,投资起升电力系统的充裕性和安全性。因此认识到现阶段的电力系统的主要问题是预判电力系统发展以及所带来的投资机会的重点。

1.1.4 现阶段电力系统的主要矛盾

1. 电源侧新能源比例上升带来了新的挑战

电源侧风光建设集中式与分布式并举,新能源发展也迎来量变到质变的关键节点。政策方面,2020年9月我国首次提出"双碳"目标,将节能减碳上升为国家长远发展策略,至2021年举办的COP26会议,各个国家也随之加入"双碳"行动中,碳中和的时间跨度从

2025年(埃塞俄比亚)到2100年(新加坡、澳大利亚)。可再生能源发电是实现"双碳"目标的重要抓手,2021年风光发电占比达到11.7%,同比增加2.2%,风光总装机占比27%,同比增加3%。从项目建设类型来看,我国积极推动以荒漠、沙漠等地区的集中式大型风电光伏项目,同时也推进工业、建筑、农村地区等分布式风电光伏建设。不论从我国乃至全球的政策重视程度,还是从我国目前新能源装机发电占比来看,现阶段都是新能源从量变到质变的关键节点。

(1)风电光伏发电高峰和负荷侧用电时间错配。现阶段电力无法大规模储存,电源发电的同时需要保证负荷侧相应用电,电网也需要时刻保持电压、电频平衡。而风电光伏发电出力时间与负荷侧用电不匹配,这导致新能源发电和负荷侧用电的矛盾。风电出力主要集中在晚上6点~早上6点这段时间,光伏出力主要集中在中午,而负荷侧用电高峰集中在早上8~10点和晚上6~10点之间,这与新能源发电时间不一致,因此新能源大比例接入之后必将引起发电与用电时间不匹配的矛盾。

(2)风电光伏容易受到天气干扰,无法根据用电需求调整,供电质量不稳定。光伏发电与日照强度有关,中午日照强度高,所以发电出力强,而如果遇到多云天气,发电出力就会受到影响而下降。风电方面,《高比例风电接入电力系统电压抗扰性研究》(候科君,2019)中测试了负荷冲击和阵风干扰对风电机组的电压影响,风电机组在受到负荷冲击时电压下降,而受到阵风干扰时电压波动明显。因此,新能源供应具有比较大的不稳定性和不可控性,这会影响供电质量,而且随着新能源占比的上升,影响也越大,严重状况下会使电网电压不稳定而导致崩溃。

(3)用电侧和新能源发电具有明显的空间错配。从区域的最大发电负荷和用电负荷来看,我们以用电负荷减去发电负荷来作为区域是否供电过剩的指标,可以看到2010年之前各个地区的供电缺口不大,2010年只有东北、西北供电过剩,东北最大发、用电负荷差为4491万kW,西北为1731万kW。2010年之后发电侧向西北、东北这些地域广阔地区集中,华东、南方、华北电力供应缺口较大,2020年西北的最大发、用电负荷差达到3亿kW,华东的最大发、用电负荷差为3.4亿kW。

(4)西北地区是大型集中式风光项目分布地区,用、发电空间错配进一步加剧。电厂建设需要根据能源资源的分布情况选取地点,根据国家气象信息中心数据,我国2020年最大风速集中在西部地区和沿海地区,由于沿海地区一般为城市,难以建设大型发电厂,所以风电厂一般建设在西部地区;光伏方面,我国西部海拔较高,日照充裕,年日照时间普遍在3000小时以上,所以光伏建设也分布在西部地区。

(5)分布式光伏建设集中在华东、华中等负荷侧地区。集中式风光项目分布于西北地区,利用了西北地区风光资源,而分布式光伏项目则利用了东部负荷侧的资源。从分布式光伏装机总量来看,分布式光伏装机从2015年的606万kW增长到2021年的10750万kW,增长近18倍;从光伏装机结构来看,2015年分布式光伏占比14%,2018年快速增长至29%,2021年达到了35.1%;从光伏装机地区分布来看,2018年华东、华中、华南这三个用电需求较大的地区中,分布式光伏分别占总光伏装机的50.79%、40.83%、36.59%;从分布式光伏地区结构来看,2018年华中和华东合计占比72%,是目前分布式光伏普及度较高的两个地区。

分布式光伏的逐步接入并网,会影响电网规划、电网运行、电网控制和电网质量。电网规划方面,分布式光伏电源分散,需要新型电力交换系统来收集、传输、控制和分配电源,因此对电网的管理和改造更加复杂,并且分布式光伏并网会使负荷侧的预测难度增加。电网运行方面,分布式光伏彼此之间会形成复杂的交互作用,不仅会引起电网的电压波动,而且并网后输送功率的分布式电源会影响电路的继电保护配置,从而影响电网的安全稳定运行。电网控制方面,光伏本身发电与天气相关,所以难以控制,而分布式光伏使原有的电源更为分散,而且数量增加之后波动频率更高,因此电网控制的能力要求更高,运行监测范围需要扩大。电网质量方面,分布式光伏的容量和接入位置都不一样,从而对馈线上的电压分布产生影响,并且分布式光伏需要逆变器将直流变为交流并网,逆变器的频繁操作,容易导致谐波污染,也会影响继电保护的范围,导致线路整体保护的可靠性降低。

2. 负荷侧电力需求超预期增长

用电量实际值持续超预期值,负荷侧电力需求强劲。用电量表示电能的消耗量(kW·h),用电负荷表示用电设备的电功率(kW),因此用电量是用电负荷在时间上的积分,可以用于表示电能的消费量。从近 6 年的数据来看,全社会用电量的实际值持续超出中电联的预期上限(除去 2020 年疫情影响经济不佳的情况),其中 2016 年经过了 2015 年的用电需求低谷,中电联预期 1% ~2% 用电需求增长,而实际增长为 6.7%;2021 年,中电联预期 6% ~7% 增长,而实际增长为 10.7%。超预期的部分主要来自新兴产业用电量(新能源车充换电、光伏产业、计算机、通信和其他电子制造业)以及高增的居民用电量。一方面这体现了我国负荷侧电力需求的强劲;另一方面,新兴产业正值快速发展的时期,未来电力需求有可能持续超预期增长。

需求超预期加上新能源发电供应的不稳定性,电力供需矛盾凸显。2021 年,我国全社会用电量增速超预期 3.7% ~4.7%,这也让全国各地出现不同程度的电力紧张问题,其中东北三省最为严重。2021 年 9 月东北三省相继开展二、三、四级有序用电措施,其中辽宁合计使用措施 12 次;吉林不定期、无计划、无通知停电限电到 2022 年 3 月,合计使用措施 14 次。辽宁这次拉闸限电有很大部分原因是风电由于天气原因骤减,导致供应紧缺加剧,供需矛盾更为严峻。

3. 电网侧的新能源适配能力不足

电网侧的变化往往根据电源侧和负荷侧来变化,新能源发电具有变革性。从上文中对历史时期的电力系统变革梳理中可以看出,电网侧实际上是根据电源变化来进行统筹协调,将电力安全稳定输送给负荷侧。电源装机规模不断起升,电网侧则增加输配电负荷能力,扩大输配电范围;电源机组大型化,电源侧与负荷侧空间错配明显,电网侧则增加高压线路、特高压线路,起升远距离输配电能力。以前的电源变化并没有颠覆性的改变,根本上是量变的过程。而新能源与传统能源相比,并网时为直流,发电量不可控,分布式电源覆盖范围广,改变具有变革性。

总体来看,经过"十三五"的电网改造,弃风弃光现象得到有效控制。光伏方面,2017 年全国弃光率为 6%,2020 年全国弃光率显著下降,为 2%。风电方面,2014 年,全国弃风率为 8%,2016 年达到顶峰为 19%,而随后经过电网建设增加消纳能力,2019 年弃风率降至 4%。

　　分地区看,三北地区集中式大型风光消纳问题仍然未得到完全解决。华北、西北、东北地区风光资源充足,是大型集中式风光项目的主要建设地区。据全国新能源消纳监测中心数据,2021 年弃风弃光现象主要集中在这三个地区,其中华北、西北、东北弃风率分别为 1.9%、5.8%、0.9%,弃光率分别为 6.2%、5.2%、2.9%。

　　新能源消纳能力不足反映了新能源的时间错配和空间错配问题仍然需要解决。新能源消纳问题原因之一是电源侧发电时,负荷侧用电需求不足(时间错配),原因之二是电源侧发电量无法输送至负荷侧(空间错配)。发电用电的时间错配可以由"网储荷"三个大方面来缓解:(1)电网侧需要加强灵活性和调度能力,当地区用电需求不足时,通过调动来消纳电量,当地区用电需求过高时,调动其他电源来满足需求;(2)储能是解决新能源消纳的重要方式,增加储能建设能帮助消纳更多新能源发电;(3)需求侧响应相当于改变了负荷曲线,从而缓解时间错配的压力。新能源的空间错配说明新能源的输送通道建设仍然不足,需要持续推进。

　　潮流互济成为常态,电网智能化、能量管理能力需要加强。以甘肃为例,甘肃位于西北电网的中心位置,起到潮流交换的枢纽作用。白天甘肃西北地区新能源发电量多,甘肃陕西截面白天以西电东送为主,夜间则以东电西送为主;青岛光伏项目较多,甘肃青岛断面白天光伏大发期间以青电外送为主,晚上则以甘电青送为主。潮流的不定向流动要求电网的调度能力提高,还要提高电网智能化水平和能量管理的能力。

　　新能源发电并网带来了无功消耗以及谐波效应等电网安全问题。交流供电系统中,无功功率建立磁场,从而让变压器、电感器能够发挥作用,如果无功功率失衡,将会影响电网的电压和电频。传统的电源中,三相交流电可以通过换相等操作来调节电网的无功功率,从而使电网的无功平衡,但是新能源发电本身就需要消耗电力系统中的无功功率,所以会导致无功功率失衡,严重时会让系统崩溃。另外,新能源也会产生谐波效应,因为逆变器将直流电变为交流电上网的时候,会产生谐波。谐波是指电流中所含有的频率为基波的整数倍的电量,谐波的增加将会增加电网的电损以及使电网发生输配电故障。发展至今,我国建立了全国互联的电网系统,供电可靠性得到保障,但是电网故障的影响范围也更大,因此电网侧需要在满足供应的同时保证安全。

　　上述电力系统的问题可以总结为:(1)电源侧中新能源占比起升带来的发电不稳定性,供电用电的时间错配,集中式风光的空间错配,分布式光伏并网带来的电网规划、运行、控制、质量的全方位影响;(2)负荷侧用电量持续超预期,新能源的不稳定性也让电力供不应求状况加剧;(3)电网侧对新能源消纳能力的适配能力不足,潮流互济常态化要求电网智能化和能量管理加强。电力系统的改革方向是以解决上述问题为主要目标。

1.1.5　变电站专用双臂起重机械设计背景

　　近些年来,随着我国现代化进程加快,供给侧结构性改革的深入,电力产业基础高级化、产业链现代化水平明显提高,而且我国的用电需求也急剧增加,各地已陆续出现大型变电站。目前国内的吊装设备都是吊物与载人分开,作业时要求两部机器保持同步协作,而实际工作中保持两部设备同步是十分困难的,这就增加了作业的难度,也增加了能源的消耗,而且还具有相当的危险性。而且变电站户外设备一般安装在3 m高的台架上,在进行设备维护与更换时,为了确保吊装作业的过程中能够与带电设备保持足够的安全距离,需要采用全站停电或者扩大站内停电设备范围的措施,不仅增大了工作量,大大延长了工作时间,还对供电可靠性产生了不良影响。

新型多约束多工况下的变电站专用吊装设备将大大缩小变电站检修时的停电范围,提高工作效率,有效降低变电站狭小空间施工作业带来的安全风险,减轻施工劳动强度,缩小设备停电范围项目预期。多约束是指设备起吊时作业空间和电磁环境等设备的作业范围以及作业的稳定性、安全性的影响;多工况是指如路面是否铺装(水泥路面、泥石路面等)、起吊重量(轻件、满载件等)乃至天气等对设备工作的影响。

多功能多约束工况下的变电站专用吊装设备的设计,首先要满足功能要求,同时兼顾安全性和经济性。在设计时,要充分考虑零件的刚度、强度;液压机构组合件要密封,油封要具有较好的耐磨性。构成吊装设备的各零件,机械加工尺寸及精度要满足图样设计要求;同时,部件的装配质量也要满足图样规定的各项要求。

为了有效降低变电站狭小空间施工作业带来的安全风险以及减轻施工劳动强度,需要研制新型多约束多工况下的专用吊装设备,需要在满足小型化的同时实现载人和大重量起重等功能。工程试验优化设计虽然结果精确、可信度高,但是由于试验无法重复,因此存在成本高、代价昂贵等问题,使得设计成本急剧增加。

如图1.1所示,新型变电站专用紧凑型三旋转自由度蛛腿式吊装设备主要由行走底盘、大转盘、吊物大臂、载人小臂、支腿、电池、控制箱、操作台、电动机、液压动力站和液压马达等组成。

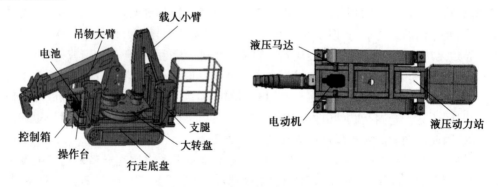

图1.1 整体结构图

1.2 起重机械的用途和特点

起重机械是一种能在一定范围内完成物料升降和运移的机械,它是现代工业中实现生产过程机械化、自动化,提高劳动生产率的重要的物料搬运设备,广泛应用于工厂、矿山、港口、车站、建筑工地、电站等生产领域。由于起重机械在物料搬运过程中涉及生命安全、具有较大危险性,因此起重机械属特种设备,国家对起重机械的生产、使用、检验检测等环节实行监督。起重机械的工作过程具有周期循环、间歇动作的特点。一个工作循环一般包括上料、运送、卸料及空车复位四个阶段,在两个工作循环之间有短暂的停歇。起重机械工作时,各机构经常处于启动、制动或正向、反向等交替运动的状态。

1.2.1 起重机械的用途

1. 桥式起重机

桥式起重机是横架于车间、仓库和料场上空进行物料吊运的起重设备,得名于它的两端坐落在高大的水泥柱或者金属支架上,形状似桥。桥式起重机的桥架沿铺设在两侧高架上的轨道纵向运行,可以充分利用桥架下面的空间吊运物料,不受地面设备的阻碍。它是使用范围最广、数量最多的一种起重机械。双梁桥式起重机结构简图如图 1.2 所示。

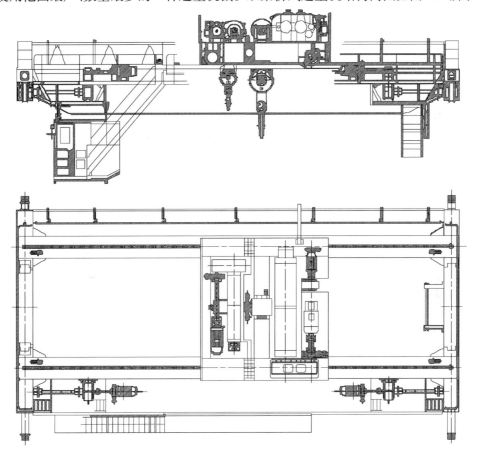

图 1.2 双梁桥式起重机结构简图

2. 塔式起重机

塔式起重机(图 1.3)简称塔机,亦称塔吊,起源于西欧,是一种动臂装在高耸塔身上部的旋转起重机。其作业空间大,主要用于房屋建筑施工中物料的垂直和水平输送及建筑构件的安装。由金属结构、工作机构和电气系统三部分组成。金属结构包括塔身、动臂和底座等。工作机构有起升、变幅、回转和行走四部分。电气系统包括电动机、控制器、配电柜、连接线路、信号及照明装置等。

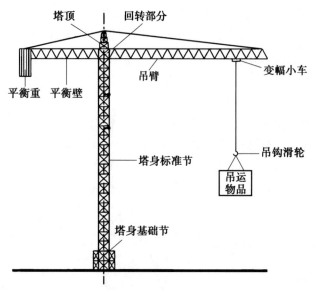

图 1.3　塔式起重机的结构示意图

3. 汽车起重机

汽车起重机(图1.4)是装在普通汽车底盘或特制汽车底盘上的一种起重机,其行驶驾驶室与起重操纵室分开设置。这种起重机的优点是机动性好,转移迅速。缺点是工作时须支腿,不能负荷行驶,也不适合在松软或泥泞的场地上工作。汽车起重机的底盘性能等同于同样整车总重的载重汽车,符合公路车辆的技术要求,因而可在各类公路上通行无阻。此种起重机一般备有上、下车两个操纵室,作业时必须伸出支腿保持稳定。起重量的范围很大,为 8 ~ 1 600 t,底盘的车轴数有 2 ~ 10 根。汽车起重机是产量最大,使用最广泛的起重机类型。

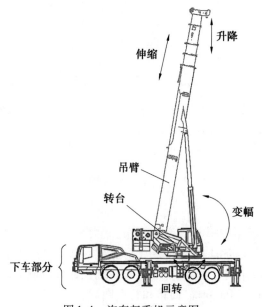

图 1.4　汽车起重机示意图

4.履带起重机

履带起重机(图 1.5)是备有履带运行装置的流动式动臂起重机。由动臂、转台等金属结构,以及起升、旋转、变幅和运行机构等组成。

起升和变幅机构采用卷筒缠绕钢绳,通过复滑轮组使取物装置升降和动臂俯仰变幅。

旋转机构采用转盘式支承装置。旋转机构有两种驱动方式:①集中驱动。将内燃机的动力通过液力耦合器、动力分配箱,然后分别操纵离合器使各机构运动。②分别驱动。用内燃机—发电机组将动力通过各电动机和传动件使机构运动。适用于工业和林业的起重和装卸作业。

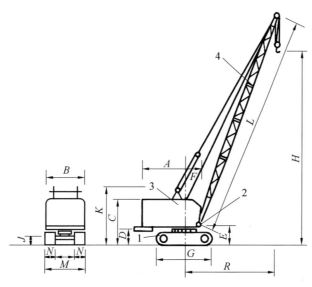

图 1.5 履带起重机示意图
1—履带底盘;2—回转装置;3—机身;4—起重臂

1.2.2 起重机械的特点

1.桥式起重机

尽管桥式起重机有不同的种类和型号,外形和结构存在差异,但它们都具有一个共同点,那就是循环间歇的工作方式。一个工作循环一般包括:通过取物装置的起升、下降来使物料发生位移,接着进行反方向运动,回到原位置或另一个位置,以便进行下一次的工作循环,在两个工作循环之间,一般有短暂的间歇。由此可见,桥式起重机在工作时,各个机构经常处于开动、运行、制动以及正向、反向等相互交替的运动状态中。另外,桥式起重机还具有以下几个工作特点:

(1)起重机械通常具有庞大的金属结构和比较复杂的机械结构,能完成一个升降、降升或几个水平动作,作业过程中常有几个不同方向的运动同时存在,技术难度较大。

(2)所吊的物料多种多样,载荷也是变化的,重则几十吨,甚至上百上千吨,轻则几十斤;长则数米,短则不到 1 m;形状也不规则,还有散粒、热熔状态的以及易燃易爆品,使吊运工作复杂而危险。

（3）大多数起重机设备需要在较大范围内运行,有装钢轨、钢轮或轮胎式履带的,活动空间大,危险面大。

（4）暴露的活动零件较多,且常与吊运人员直接接触(如吊钩、绳)。

（5）作业环境复杂,工矿企业、港口码头、建筑工地等场所,都有起重设备在运行,作业还会遇到高温、高压、易燃、易爆、输电线路、强磁场等危险因素,这些不利条件对人和设备都会造成不利影响。

（6）作业常需要人配合,存在较大难度,要求操作人员和指挥人员熟练配合、协作、相互照应,操作人员应有应急处理现场紧急情况的能力。

2. 塔式起重机

塔机的研究正向着组合式发展。所谓的组合式,就是以塔身结构为核心,按结构和功能特点,将塔身分解成若干部分,并依据系列化和通用化要求,遵循模数制原理再将各部分划分成若干模块。根据参数要求,选用适当模块分别组成具有不同技术性能特征的塔机,以满足施工的具体需求。塔机具有以下几个特点:

（1）工作高度高,有效起升高度大,特别有利于分层、分段安装作业,能满足建筑物垂直运输的全高度。

（2）塔式起重机的起重臂较长,其水平覆盖面广(作幅度大)

（3）塔式起重机有多种工作速度,多种作业性能,生产效率高。

（4）塔式起重机的驾驶室一般设在与起重臂同等高度的位置,司机视野开阔。

（5）塔式起重机的结构较为简单,维修保养方便。

3. 汽车起重机

汽车起重机采用通用或专用汽车底盘,可按汽车原有速度行驶,灵活机动,能快速转移;采用液压传动,传动平稳,操纵省力,吊装速度快、效率高;适用于流动性较大的施工单位或临时分散的工地以及露天装卸作业。具有以下特点:

（1）豪华全驾驶室和操纵室具有现代流线型风格。

（2）功率大,油耗小,噪声符合国家标准要求。

（3）走台板为全覆盖式,便于在车上工作与检修。

（4）支腿系统采用双面操纵,方便实用。

（5）产品各项性能指标基本达到了多田野 50 t 产品性能指标。

4. 履带起重机

履带起重机是把起重作业部分装在履带底盘上行走,依靠履带装置的起重机。履带起重机下车没有驾驶室,行驶操作和起重操作集中在上车操纵室内。借助附加装置,还可进行桩工、土石方作业,实现一机多用,而且价格低。短距离转场时可自己行走,到达场地后由于不需支腿可马上投入作。履带起重机的缺点是不能在公路上行驶,必须拆卸运输抵达工作地点后再组装。履带起重机的特点如下:

（1）接地比压小,可适应较为恶劣的地面条件。

（2）转弯半径小。

（3）爬坡能力较大。

（4）吊重作业不需打支腿可带载行走。

（5）可实现一机多用。

1.3 起重机械的组成

从整体功能上看，一般情况下，起重机可以看作是由机械部分、金属结构部分和电气控制三大部分组成的。机械部分主要实现起升、运行、回转和变幅等动作，分别由相应的起升机构、运行机构、回转机构和变幅机构来实现；金属结构部分是起重机械的躯干，具有支承零部件的作用；电气控制部分的作用是对机构的动作进行驱动和控制。

1.3.1 桥式起重机的组成

桥式起重机一般由桥架（又称大车），起升机构，小车、大车移行机构，操纵室，小车导电装置（辅助滑线），起重机总电源导电装置（主滑线）等部分组成。

1. 桥架

桥架是桥式起重机的基本构件，它由主梁、端梁、走台等部分组成。主梁跨架在跨间上空，有箱形、桁架、腹板、圆管等结构形式。主梁两端连有端梁，在两主梁外侧安有走台，设有安全栏杆。在驾驶室一侧的走台上装有大车移行机构，在另一侧走台上装有向小车电气设备供电的装置，即辅助滑线。在主梁上方铺有导轨，供小车移动。整个桥式起重机在大车移动机构拖动下，在沿车间长度方向的导轨上移动。

2. 大车移行机构

大车移行机构（图 1.6）由大车拖动电动机、传动轴、减速器、车轮及制动器等部件构成，驱动方式有集中驱动与分别驱动两种。

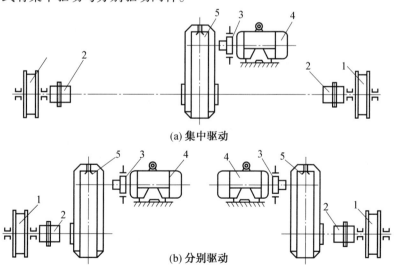

图 1.6 大车移行机构示意图

1—主动轮；2—联轴器；3—制动器；4—电动机；5—减速器

3. 小车移行机构

小车安放在桥架导轨上,可顺着车间的宽度方向移动。小车主要由钢板焊接而成,由小车架以及其上的小车移行机构(图1.7)和起升机构等组成。小车移行机构由小车电动机、制动器、联轴节、减速器及车轮等组成。小车电动机经减速器驱动小车主动轮,拖动小车沿导轨移动,由于小车主动轮相距较近,故由一台电动机驱动。小车移行机构的传动形式有两种:一种是减速箱在两个主动轮中间;另一种是减速箱装在小车的一侧。减速箱装在两个主动轮中间,使传动轴所承受的扭矩比较均匀;减速箱装在小车的一侧,使安装与维修比较方便。

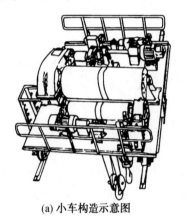

(a) 小车构造示意图

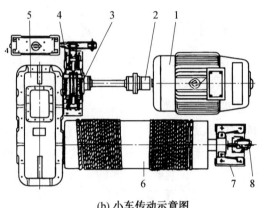

(b) 小车传动示意图

图1.7　小车移行机构示意图

1—电动机;2—联轴器;3—制动器;4—制动轮;5—减速器;

6—卷筒;7—轴承;8—过卷扬限制器

4. 起升机构

起升机构由起升电动机、减速器、卷筒、制动器等组成,如图1.8所示。起升电动机经联轴器、制动轮与减速器连接,减速器的输出轴与缠绕钢丝绳的卷筒相连接,钢丝绳的另一端装吊钩,当卷筒转动时,吊钩就随钢丝绳在卷筒上的缠绕或放开而上升或下降。对于起重量在15 t及以上的起重机,备有两套起升机构,即主钩与副钩。由此可知,重物在吊钩上随着卷筒的旋转获得上下运动;随着小车在车间宽度方向获得左右运动,并能随大车在车间长度方向做前后运动。这样就可实现重物在垂直、横向、纵向三个方向的运动,把重物移至车间任意位置,完成起重运输任务。

5. 操纵室

操纵室是操纵起重机的吊舱,又称驾驶室。操纵室内有大、小车移行机构控制装置,起升机构控制装置及起重机的保护装置等。操纵室一般固定在主梁的一端,也有少数装在小车下方随小车移动的。操纵室的上方开有通向走台的舱口,供检修人员检修大、小车机械与电气设备时上下。

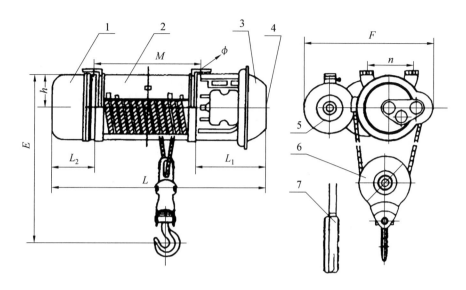

图 1.8　起升机构示意图

1—减速器;2—卷筒装置;3—电动机;4—制动调节器;

5—慢速电动机;6—吊钩装置;7—开关

1.3.2　塔式起重机的组成

1. 金属结构

塔机的金属结构包括起重臂、塔身、转台、承座、平衡臂、底架、塔尖等(图 1.9)。

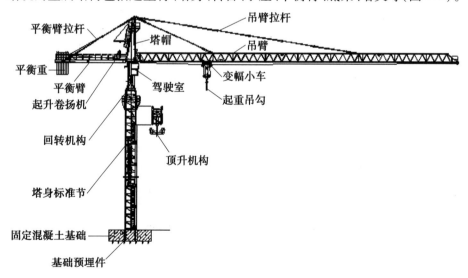

图 1.9　金属结构示意图

起重臂构造型式为小车变幅水平臂架,再往下分又有单吊点、双吊点和起重臂与平衡臂连成一体的锤头式小车变幅水平臂架。单吊点是静定结构,双吊点是超静定结构。锤头式小车变幅水平臂架,装设于塔身顶部,状若锤头,塔身如锤柄,不设塔尖,故又叫平头式。平头式的结构形式更简单,更有利于受力,具有减轻自重,简化构造等优点。小车变幅臂架大都采用正三角形的截面。

塔身结构也称塔架,是塔机结构的主体。现今塔机均采用方形断面,断面尺寸应用较广的有:1.2 m×1.2 m、1.4 m×1.4 m、1.6 m×1.6 m、2.0 m×2.0 m;塔身标准节常用尺寸是2.5 m和3 m。塔身标准节采用的连接方式,应用最广的是盖板螺栓连接和套柱螺栓连接,其次是承插销轴连接和插板销轴连接。标准节有整体式塔身标准节和拼装式塔身标准节,后者加工精度高,制作难,但是堆放占地小,运费少。塔身节内必须设置爬梯,以便司机及机工上下。爬梯宽度不宜小于500 mm,梯步间距不大于300 mm,每500 mm设一护圈。当爬梯高度超过10 m时,梯子应分段转接,在转接处加设一道休息平台。

塔尖的功能是承受臂架拉绳及平衡臂拉绳传来的上部荷载,并通过回转塔架、转台、承座等的结构部件式直接通过转台传递给塔身结构。自升塔顶有截锥柱式、前倾或后倾截锥柱式、人字架式及斜撑架式。

凡是上回转塔机均需设平衡重,其功能是支承平衡重。用以构成设计上所要求的与起重力矩方向相反的平衡力矩。除平衡重外,还常在其尾部装设起升机构。起升机构之所以同平衡重一起安放在平衡臂尾端,一则可发挥部分配重作用,二则增大绳卷筒与塔尖导轮间的距离,以利钢丝绳的排绕并避免发生乱绳现象。平衡重的用量与平衡臂的长度成反比关系,而平衡臂长度与起重臂长度之间又存在一定比例关系。平衡重的用量相当可观,轻型塔机一般至少要3~4 t,重型的要近30 t。平衡重可用铸铁或钢筋混凝土制成:前者加工费用高但迎风面积小;后者体积大迎风面大对稳定性不利,但简单经济,故一般均采用这种。通常的做法是将平衡重预制区分成2~3种规格,宽度、厚度一致,但高度加以调整,以便与不同长度臂架匹配使用。

2.零部件

每台塔机都要用许多种起重零部件,其中数量最大、技术要求严而规格繁杂的是钢丝绳。塔机用的钢丝绳按功能不同有:起升钢丝绳、变幅钢丝绳、臂架拉绳、平衡臂拉绳、小车牵引绳等。钢丝绳的特点是:整根的强度高,而且整根断面一样大小,强度一致,自重轻,能承受震动荷载,弹性大,能卷绕成盘,能在高速下平衡运动,并且无噪声,磨损后其外皮会产生许多毛刺,易于发现并便于及时处置。钢丝绳通常由一股股直径为0.3~0.4 mm的细钢丝搓成绳股,再由股捻成绳。塔机用的是交互捻,特点是不易松散和扭转。就绳股截面形状而言,高层建筑施工用塔机以采用多股不扭转钢丝绳最为适宜,此种钢丝绳由两层绳股组成,两层绳股捻制方向相反,采用旋转力矩平衡的原理捻制而成,受力时自由端不发生扭转。塔机起升钢丝绳及变幅钢丝绳的安全系数一般取5~6,小车牵引绳和臂架拉绳的安全系数取3,塔机电梯升降绳安全系数不得小于10。钢丝绳的安全系数是不可缺少的安全储备系数,绝不可凭借这种安全储备而擅自提高钢丝绳的最大允许安全荷载。由于钢丝绳的重要性,必须加强对钢丝绳定期全面检查,将其贮存于干燥面封闭的、有木地板或沥青混凝土地面的仓库内,以免腐蚀,装卸时不要损坏表面,堆放时要竖立安置。对钢丝绳进行系统润滑可以提高使用寿命。

变幅小车是水平臂架塔机必备的部件。整套变幅小车由车架结构、钢丝绳、滑轮、行轮、导向轮、钢丝绳承托轮、钢丝绳防脱辊、小车牵引绳张紧器及断绳保险器等组成。对于特长水平臂架(长度在 50 m 以上),在变幅小车一侧随挂一个检修吊篮,可载维修人员往各检修点进行维修和保养。作业完后,小车驶回臂架根部,使吊篮与变幅小车脱钩,固定在臂架结构上的专设支座处。

其他的零部件还有滑轮、回转支承、吊钩和制动器等。

3. 电气设备

塔机的主要电气设备包括:电缆卷筒–中央集电环;电动机;操作电动机用的电器,如控制器、主令控制器、接触器和继电器;保护电器,如自动熔断器、过电流继电器和限位开关等;主副回路中的控制、切换电器,如按钮、开关和仪表等。属于辅助电气设备的有:照明灯、信号灯、电铃等。

4. 液压系统

塔机液压系统中的主要元器件是液压泵、液压油缸、控制元件、油管和管接头、油箱和液压油滤清器等。液压泵和液压马达是液压系统中最为复杂的部分,液压泵把油吸入并通过管道输送给液压缸或液压马达,从而使液压缸或马达得以进行正常运作。液压泵可以看成是液压和心脏,是液压的能量来源。中国的塔机液压顶升系统采用的液压泵大都是 CB–G 型齿轮泵,工作压力为 12.5 ~ 16 MPa。液压缸是液压系统的执行元件。从功能上来看,液压缸与液压马达同是使工作油流的压力能转变为机械能的转换装置;不同的是液压马达是用于旋转运动,而液压是用于直线运动。

1.3.3　汽车起重机的组成

由于液压技术、电子工业、高强度钢材和汽车工业的发展,促进了汽车起重机的发展。汽车起重机主要由起升、变幅、回转、起重臂和汽车底盘组成。自重大,工作准备时间长的机械传动式汽车起重机已被液压汽车起重机所代替。液压汽车起重机的液压系统采用液压泵、定量或变量马达实现起重机起升回转、变幅、起重臂伸缩及支腿伸缩并可单独或组合动作。马达采用过热保护,并有防止错误操作的安全装置。大吨位的液压汽车起重机选用多联齿轮泵,合流时还可实现上述各动作的加速。在液压系统中设有自动超负荷安全阀、缓冲阀及液压锁等,以防止起重机作业时过载或失速及油管突然破裂引起的意外事故发生。汽车起重机装有幅度指示器和高度限位器,防止超载或超伸距,卷筒和滑轮设有防钢丝绳跳槽的装置。

1. 变幅机构

变幅机构(图 1.10)采用液压油缸变幅,它具有结构紧凑、自重小、工作平稳、易于布置等优点。前置式变幅油缸使得变幅推力小,可利用小直径油缸。臂架悬臂部分短,对臂架受力有利,可明显改善吊臂受力状况,但臂架下方有效空间小,不易于小幅度吊起大体积重物。

2. 起升机构

起升机构(图 1.11)采用高速液压马达(变量轴向柱塞马达)通过减速器带动起升卷筒,具有重量轻,体积小,容积效率高,可与驱动油泵互换以及可采用批量生产标准减速器等特点。起升机构采用的减速器为两级圆柱齿轮减速器,其具有结构紧凑,传动比大,质量轻,功率范围大等特点。起升卷筒与减速器连接是将减速器输出轴加长,卷筒直接固定

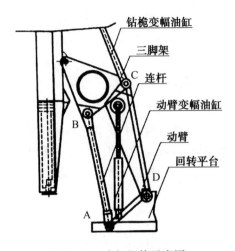

图 1.10　变幅机构示意图

在轴上,其联结结构简单,扭矩通过卷筒轴传至卷筒,对卷筒受力较为有利。起升机构采用液压传动单卷筒单轴式起升结构,机构紧凑,有利于整个机构布置,可提高生产率或进行辅助工作,并且维修与调整均较方便。制动器装在低速轴上,制动力矩大,但制动平稳。

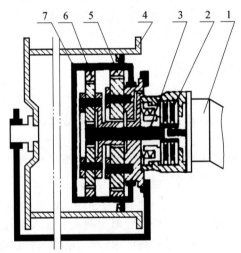

图 1.11　起升机构示意图
1—马达;2—多片刹车;3—输入轴;4—卷筒;
5—行星机构;6—行星机构;7—齿轮箱壳体

3. 起重臂

该机起重臂(图 1.12)采用箱型三节式,其中有两节是套装伸缩臂,这两节伸缩臂均靠装在一节臂中,由一个单级伸缩油缸完成,起重臂伸缩是在作业前完成,在工作过程中起重臂不能随意伸缩。在行驶状态时,起重臂缩回。这种伸缩形式可整体提高起重性能,且搭接处支反力较小。考虑受力因素以及重心对起重性能影响,宜采用同步伸缩机构,各节伸缩臂同时以相同行程比率进行伸缩。由于同步伸缩摩擦力是愈来愈大,在接近全伸时摩擦力明显升高,所以又采用滚动摩擦要求。臂杆采用低合金高强度结构钢板焊接成箱型。

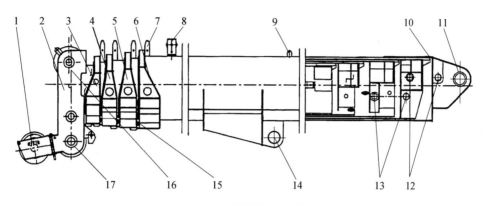

图 1.12　起重臂机构示意图

1—臂尖滑轮;2—五节臂;3—四节臂;4—三节臂;5—二节臂;6—一节臂;7—托绳架;8—压绳滚轮;9—挡板;10—绳托;11—主臂尾轴;12—一级伸缩油缸铰点轴;13—二级伸缩油缸铰点轴;14—变幅缸下铰点轴;15—调节垫块;16—分绳轮组;17—定滑轮组

4. 回转机构

回转机构(图 1.13)是一种能够使设备在回转平面内绕回转中心线自由转动运动的机械装置。一般由液压泵、换向阀、平衡阀、液压离合器和液压马达等构成回转回路。

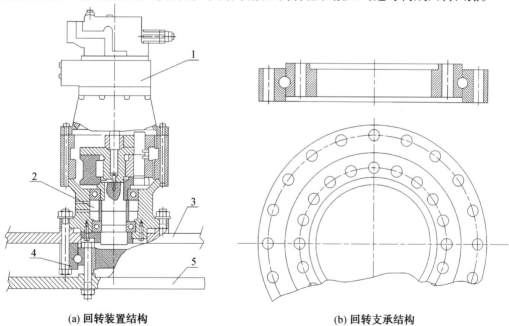

(a) 回转装置结构　　　　　　　　　(b) 回转支承结构

图 1.13　回转机构示意图

1—液压泵;2—轴套;3—上支承;4—垫块;5—下支承

5. 支腿机构

支腿是汽车起重机的主要部件之一,作用是增大起重机的支承基底,减轻轮胎负担,提高整车的抗倾覆稳定性,从而提高起重能力。支腿是安装在起重机底架上的支承装置,含固定部分和活动伸展部分。起重机一般装有四个支腿,前后左右两侧分置,既可同时动作又可单独伸缩。因为工作场地基本是倾斜和不平的,而且地面较软,所以需要支腿下面垫枕木,另通过看支腿附近的水平仪,来调节各个支腿的高度,使支腿的支脚板在同一水平面上。支腿设计要求坚固可靠,收放自如。吊装工作时支腿外伸着地,加大承载面跨矩;行驶时将支腿收回,减小外形尺寸,提高行驶通过性。目前,汽车起重机液压支腿形式主要有以下几种:蛙式支腿、H形支腿、X形支腿和辐射式支腿等,如图 1.14 所示。

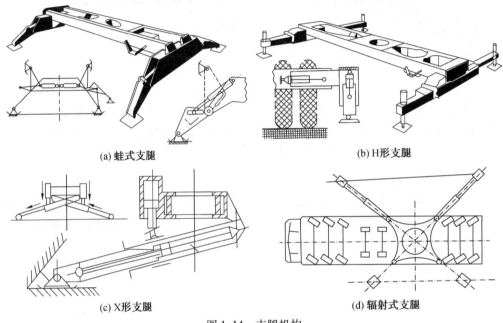

(a) 蛙式支腿　　　　　　　　　　　　　(b) H形支腿

(c) X形支腿　　　　　　　　　　　　　(d) 辐射式支腿

图 1.14　支腿机构

1.3.4　履带起重机的组成

履带起重机包括履带底盘、回转支承、转台、配重(又称平衡重)、起重作业系统几部分。履带底盘与转台通过回转支承连接,起重作业系统与配重安装在转台上,工作时与转台一起相对履带底部转动,实现回转运动功能。起重作业系统实现吊装功能,履带底盘实现行走功能。

1. 动臂

动臂(图 1.15)为多节组装桁架结构,调整节数后可改变长度,其下端铰装于转台前部,顶端用变幅钢丝绳滑轮组悬挂支承,可改变其倾角。也有在动臂顶端加装副臂的,副臂与动臂成一定夹角。起升机构有主、副两卷扬系统,主卷扬系统用于动臂吊重,副卷扬系统用于副臂吊重。

2. 转台

转台通过回转支承装在底盘上,可将转台上的全部重量传递给底盘,其上装有动力装置、传动系统、卷扬机、操纵机构、配重和机棚等。动力装置通过回转机构可使转台做360°回转。回转支承由上、下滚盘和其间的滚动件(滚球、滚柱)组成,可将转台上的全部重量传递给底盘,并保证转台的自由转动。

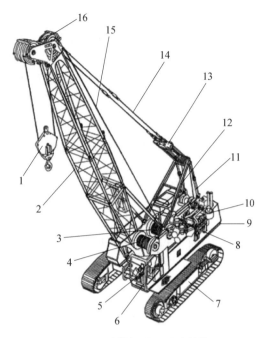

图 1.15　履带起重机动臂结构

1—吊钩;2—吊臂;3—变幅卷扬机构;4—起升卷扬机构;5—操作系统;6—驾
驶室;7 行走机构;8—液压泵;9—平台;10—发动机;11—变幅钢丝绳;12—
支架;13—拉紧器;14—吊挂钢丝绳;15—起升钢丝绳;16—滑轮组

3. 底盘

底盘(图 1.16)包括行走机构和行走装置:前者使起重机做前后行走和左右转弯;后
者由履带架、驱动轮、导向轮、支重轮、托链轮和履带轮等组成。动力装置通过垂直轴、水
平轴和链条传动使驱动轮旋转,从而带动导向轮和支重轮,使整机沿履带滚动而行走。

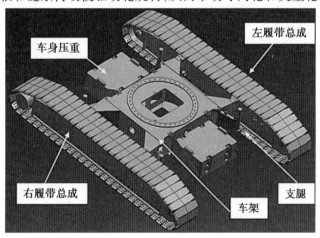
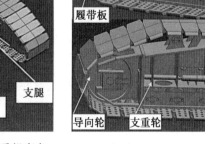

图 1.16　履带起重机底盘

1.4 变电站专用双臂起重机械设计研究内容

本书拟采用理论研究、数值仿真模拟、工程样机试制、实机测试,以及与实际工程应用相结合的方法,开展多约束多工况下的变电站专用吊装设备研制及应用研究。项目的总体技术路线流程图如图1.17所示。

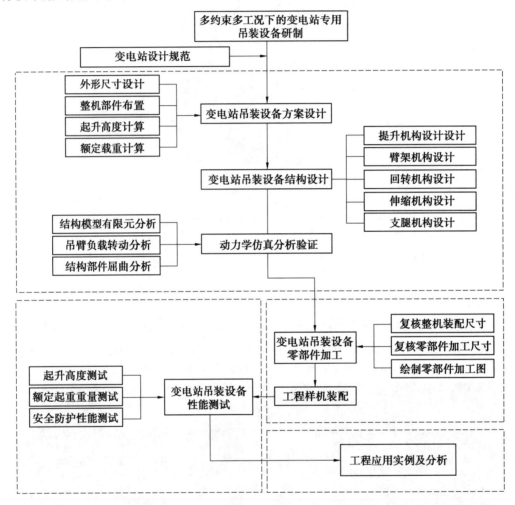

图1.17 多约束多工况下的变电站专用吊装设备研制及应用研究技术路线流程图

具体技术路线如下:

(1)收集资料及调研,掌握现有专用起重设备的研究现状及技术难题。

(2)提出了多约束多工况下的变电站专用吊装设备整体结构设计方案,完成基础力学计算。

(3)完成变电站专用吊装设备各机械系统选型设计,并建立变电站专用吊装设备三维模型进行模拟装配,同时开展基于虚拟样机技术的变电站专用吊装设备动力学仿真分析及可靠性验证工作。

（4）细化吊装设备各机构的结构组成，复核各零部件尺寸，生成图纸进行零件加工，进行零部件装配，完成吊装设备工程样机组装。

（5）对工程样机进行吊装测试，检验吊装设备的安全性、功能性及可靠性。

（6）工程应用及分析。

1.4.1 专用双臂起重机械结构方案设计

本方案针对现有技术不足，提供一种灵活的起吊装置及使用说明，该起吊装置能有效地提高设备更换的效率，且适用不同高度、不同宽度的变电站内装置位置和站内空间大小的设备更换，同时易于生产制造与操作。

为实现上述技术特征，本方案设计如下：一种三自由度双吊臂的变电站起吊重物设备，在变电站吊装施工中，通过电动运输车在变电站场内进行运输。在电动运输车平台上起吊重物，多功能回转支承平台可进行回转，当运输车就位后，多功能旋转平台的吊运装置进行设备吊运，吊运装置具备起升、伸缩、回转功能，可将设备吊运至需要的位置，减轻作业人员劳动强度。另外多功能回转支承平台上还设计有一个载人平台，作业人员站在载人平台上，载人平台可在驱动装置驱动下升降一定高度，旋转一定角度，且可以根据安装位置需求伸展，使作业人员对设备进行辅助安装就位。

变电站起吊设备装置使用方法的特点在于包括以下步骤：

Step 1：驾驶车体在需要更换设备的道路上行驶，驱动车体上的蜘蛛式支承腿进行支承。

Step 2：通过电机驱动大圆盘进行回转，进而将载人吊臂和载物吊臂回转到适当位置。

Step 3：启动电动机，通过动力输出来驱动齿轮的转动从而驱动回转机构转动。

Step 4：通过液压机构驱动载物、载人吊臂的伸缩。

Step 5：通过动力输出，将变电站内需要更换的设备吊起，工作人员在载人平台上进行辅助，使设备到达合适位置。

本方案结构如图 1.18 所示。

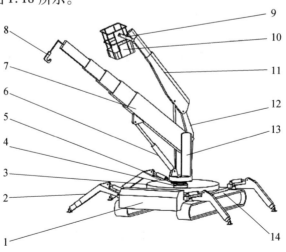

图 1.18 结构示意图

1—车体；2—蜘蛛式支承腿；3—大型回转支承圆盘；4—底座；5—齿轮回转支承；6—液压柱；7—方形液压臂；8—吊钩；9—吊篮架；10—吊篮；11—圆形液压臂；12—载人转臂；13—吊物转臂；14—履带

本方案的特点：

（1）本方案装置不仅能改变起吊的高度，同时可以在变电站外边实现灵活的转动，调节方向，避免伸缩过长，导致液压臂与电线缠绕。

（2）起吊车：结构简单，机动性强，底盘较低，可改装，适应不同路面的行驶，同时易于生产制造与操作。

（3）通过上述圆盘能够带动整个装置调节转动。

（4）通过液压装置能够用于调节转臂的高度和伸缩臂的长度，进而适应不同高度和不同距离的设备。

（5）吊钩用于重物起吊，载人吊篮用于工作人员进行辅助。

1.4.2　结构的设计与参数优化

本方案的目的在于提供一种变电站起吊装置，用于解决现有技术中存在的效率低下和维护成本高的技术问题。设计了一种变电站起吊装置，包括车体、载人机构、起吊机构和回转支承机构。

1. 回转支承机构包括第一回转机构、回转平台、第二回转机构和第三回转机构

（1）第一回转机构包括驱动组件、支承底盘和从动齿轮。

①支承底盘与所述车体固定连接。

②从动齿轮与回转平台固定连接。

③从动齿轮转动套接于支承底盘的中心杆上。

④驱动组件设有与从动齿轮啮合传动连接的主动齿轮。

（2）第二回转机构和第三回转机构均包括电机、螺旋轴和啮合齿轮。

①啮合齿轮通过中心轴转动设置于回转平台上。

②电机的输出轴与螺旋轴连接。

③螺旋轴与啮合齿轮啮合传动连接。

回转平台通过第一回转机构转动安装于车体上；载人机构通过第二回转机构转动安装于回转平台上；起吊机构通过第三回转机构转动安装于回转平台上。

2. 载人机构包括载人转臂、载人支承臂、载人吊篮和第一液压油缸

（1）载人支承臂的第一端铰接于载人转臂的顶部，载人支承臂的第二端与载人吊篮连接。

（2）第一液压油缸铰接于所述载人转臂的底部，第一液压油缸的活塞杆与载人支承臂的中部铰接。

（3）在变电站起吊装置中，载人支承臂由多个载人伸缩臂组成。

3. 起吊机构包括起吊转臂、起吊支承臂、吊钩和第二液压油缸

（1）起吊支承臂的第一端铰接于起吊转臂的顶部，起吊支承臂的第二端与吊钩连接。

（2）第二液压油缸铰接于起吊转臂的底部，第二液压油缸的活塞杆与起吊支承臂的中部铰接。

（3）在变电站起吊装置中，起吊支承臂由多个起吊伸缩臂组成。

4. 所述车体摆动连接的支承机构

(1)在变电站起吊装置中,各个支承机构还包括支承垫。

(2)支承垫铰接于蜘蛛式支腿的第二端。

5. 各个支承机构均包括第三液压油缸和蜘蛛式支腿

(1)蜘蛛式支腿的第一端和第三液压油缸均与车体铰接。

(2)第三液压油缸的活塞杆与蜘蛛式支腿的中部铰接。

(3)蜘蛛式支腿的第二端通过支承伸缩臂与支承垫可伸缩连接。

(4)在变电站起吊装置中,车体的两侧均设有履带。

如图 1.19 所示为设计方案具体机构外形结构示意图。

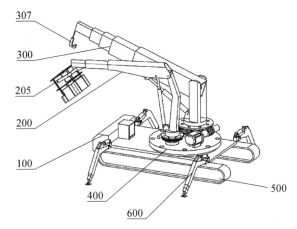

图 1.19 变电站起吊装置的结构示意图
100—车体;200—载人机构;205—载人吊篮;300—起吊机构;
307—吊钩;400—回转支承机构;500—履带;600—支承机构

1.4.3 运动学与动力学分析

1. 运动学分析

(1)姿态动作分析研究。

(2)模型简化、建立及修正。

(3)动力学仿真分析。

2. 吊装设备静力学及动力学分析

(1)有限元模型建立。

(2)吊臂、支腿以及支架静力学分析。

(3)吊臂模态分析。

(4)吊臂谐响应分析。

对整体结构进行动力学评价与分析,研究整个结构的运动范围以及运动干涉情况,还原真实的运动过程,并且提取所需要的各种参数数据,直到获得自己所需要的优化设计方案或者参数,进而减少了材料不必要的浪费和物理样机制造成本,减少试验验证次数,提高产品的设计效率,缩短产品研制的周期和加工费用。

1.4.4 专用双臂起重机械结构的测试

在模块化设计各部分零件时,各零件的强度和刚度性能是否满足要求是重中之重,设计满足正常运行的同时又应尽量优化设计的结构和减少材料的不必要的浪费,以此节省空间,减轻结构负载,从而降低能耗,起升吊装设备的作业能力。

在设计初始大都为根据经验进行模型建立和分析,容易造成零件强度、刚度的过大或者过小,过大的尺寸使得整个机构看起来笨重与复杂,整体设计显得不合理;过小的尺寸会造成作业的过程中损坏甚至报废等问题。吊物大臂、载人小臂、支腿、支架以及大转盘和大小臂回转机构作为新型吊装设备的重要部件,保证其强度和刚度是设备稳定正常工作最基本的要求。因此,本方案对各核心零部件的强度和刚度进行有限元分析,为整体的轻量化、结构的合理化做铺垫;分别计算结构在不同工况下的结构响应。

履带起重机设计及测试参考相关国家标准。

第2章 变电站用起吊装备的机构方案设计

2.1 概　　述

起重机械是一种能在一定范围内完成物料升降和运移的机械,它是现代工业中实现生产过程机械化、自动化,提高劳动生产率的重要的物料搬运设备,广泛应用于工厂、矿山、港口、车站、建筑工地、电站等生产领域。由于起重机械在物料搬运过程中涉及生命安全、具有较大危险性,因此在进行起吊装备设计时应该将结构的安全性放在第一位,因此本章将从电站用起吊装备总体布置、变电站用起吊装备机构的选用、变电站用起吊装备机构的工作原理、参数计算以及载荷类型等六个方面进行深入的理论分析和计算,为后续变电站用起吊装备的结构设计奠定基础。

2.2　变电站用起吊装备总体布置

2.2.1　施工升降机布置基本原则

在参考工程经验及《施工升降机安全规程》(GB 10055—2007)、《施工升降机安全使用规程》(GB/T 34023—2017)等相关规范,将施工升降机布置的基本原则总结如下。

1.施工升降机运输材料的便捷性

在进行施工升降机布置时,应着重考虑材料及人员的运输量及次数,应布置在场地较为宽阔处,并靠近材料堆场及施工通道,在楼层平面出口的选择上,应选择面积较大的房间。除此之外,为使材料在楼层中运输距离较短,施工电梯一般布置在建筑物平面的中部位置。

2.施工升降机安拆、使用的安全性

施工升降机布置时应避开软地面,以及地下有服务措施或洞穴的地面,否则应做相应的加固措施,施工升降机的基础设计应充分考虑到安拆、使用过程中的垂直荷载、水平荷载、风荷载以及倾覆力矩。

3.施工升降机与其他设施之间的位置关系

施工升降机布置时应考虑施工场地总平面布置的影响,在考虑建筑结构形式的同时,应避免与其他大型施工设备之间的冲突。除此之外,布置点应尽量不妨碍其他后续工序的顺利进行。

2.2.2 塔式起吊装备布置基本原则

在参考工程经验及《建筑施工塔式起重机安装、使用、拆卸安全技术规程》(JGJ 196—2010)、《塔式起重机安全规程》(GB 5144—2006)、《建筑机械使用安全技术规程》(JGJ 33—2012)、《塔式起重机》(GB/T 5031—2019)等相关规范,对起重机械布置基本原则进行总结。

1.塔式起重机的覆盖范围

在进行塔式起重机布置规划时,首先,塔式起重机的大臂应覆盖尽可能多的施工区域(如楼栋、地下室等);其次,为方便构件吊装及材料的转运,进行塔式起重机布置时还应综合考虑预制构件堆放场、材料加工区的布置。

2.塔式起重机与高架电线的安全距离

有架空输电线的场合,塔式起重机的任何部位与输电线之间的安全距离应符合相关规范,若不能确定电缆是否带电,则按带电电缆考虑;若不能确定是否为低压电缆,则按高压电缆线考虑。若因条件所限制,达不到规定的要求,应通报有关部门,在获得许可的情况下,通过搭设非金属材料防护架进行安全防护。

3.塔式起重机之间的安全距离

在考虑多台塔式起重机在同一工程中使用时,两台相邻塔式起重机之间的调运方向、塔臂转动位置、起吊高度、塔臂作业半径内的交叉作业要充分考虑相邻塔式起重机的水平安全距离,并采取合适的措施进行安全控制。若在同一施工区域有两台及以上塔式起重机共同工作,则应确保处于低位塔式起重机的起重臂端部与另一台塔式起重机的机身之间的距离不少于2 m;处于高位的塔式起重机的最低位置的部件(吊钩升至最高点或平衡重的最低部位),与处于低位的塔式起重机中处于最高位置部件之间有至少为2 m的垂直距离。

4.塔式起重机与施工现场内、外建筑物间距离

若施工场地周围已有建筑物(居民楼、商场等)或交通道路等,在进行塔式起重机布置规划时,应避免覆盖。除此之外,也需避开场内障碍物,塔式起重机的尾部与周围建筑物,及其外围施工设施之间的安全距离不小于0.6 m。当有多栋建筑物同时施工时,先开工建筑物的塔式起重机可以覆盖后开工的,反之不行。若两栋建筑物共用同一台塔式起重机,则塔式起重机应附着在进度较快的楼栋上。最后,应避开设备房及车道出入口,同时应避开臂架泵停放位置,避免影响臂架泵的布料。

5.塔式起重机安装、拆卸的方便性

在进行塔式起重机布置规划时,要确保塔式起重机的安装、拆卸的方便性,安装时塔式起重机大臂的放置方向与拆卸时大臂的摆放方向相同。塔式起重机最大安装高度处的风速不应超过13 m/s。

6.塔式起重机与施工电梯之间的位置关系

应尽量避免塔式起重机与施工电梯布置在同一侧的情况,当条件不允许,必须布置在同一侧时,如果塔式起重机比施工电梯先拆卸,拆卸塔式起重机时,其大臂的前端或者塔式起重机的尾部与施工电梯的标准节之间的距离应不小于 2 m,否则塔式起重机只能等施工电梯拆除之后才能拆卸。

2.2.3　车式起吊装备布置基本原则

(1)在带电设备区域内使用汽车起重机时,车身应使用不小于 16 mm² 的软铜线可靠接地。在道路上施工应设围栏,并设置适当的警示标志牌。

(2)起重机停放或行驶时,其车轮、支腿或履带的前端或外侧与沟、坑边缘的距离不准小于沟、坑深度的 1.2 倍;否则应采取防倾、防坍塌措施。

(3)作业时,起重机应置于平坦、坚实的地面上,机身倾斜度不准超过制造厂的规定。不准在暗沟、地下管线等上面作业;不能避免时,应采取防护措施,不准超过暗沟、地下管线允许的承载力。

(4)长期或频繁地靠近架空线路或其他带电体作业时,应采取隔离防护措施。

(5)汽车起重机行驶时,应将臂杆放在支架上,吊钩挂在挂钩上并将钢丝绳收紧。车上操作室禁止坐人。

(6)汽车起重机及轮胎式起重机作业前应先支好全部支腿后方可进行其他操作。作业完毕后,应先将臂杆完全收回,放在支架上,然后方可起腿。汽车式起重机除设计有吊物行走性能者外,均不准吊物行走。

(7)汽车起吊试验应遵守《起重机　试验规范和程序》(GB/T 5905—2011)。

2.3　变电站用起吊装备机构的选用

要求:考虑到变电站狭小的工作空间,吊装设备的尺寸不大于 6 m×2.5 m×3.2 m,尾部回转半径不大于 3 m;又要考虑到设备安装过程不与电缆发生干涉,支腿横向跨距不大于 4.5 m,支腿纵向跨距不大于 4 m,整车最小转动半径不大于 3 m。

2.3.1　底盘(运行机构)选用

起重机的整体造型主要是根据其用途和作业场合来考虑。本书所提到的多约束多工况是指吊装设备在变电站内作业时的作业参数和外部环境对设备的工作状况和作业约束有多种可能的影响。具体的多约束是指设备起吊时作业空间和电磁环境等对设备的作业范围以及作业的稳定性、安全性的影响;多工况是指如路面是否铺装(水泥路面、泥石路面等)、起吊质量(轻件、满载件等)乃至天气等对设备工作的影响。

无轨式运行机构是各种流动起重机械(如汽车式和轮胎式起重机)和装卸机械(如叉车)的重要组成部分。运行机构使机械以所需的速度和牵引力沿规定的方向行驶。运行机构的性能直接影响整机的使用性能。无轨式运行机构分为轮胎式和履带式两种。

1. 轮胎式

轮胎式运行机构由传动系统、行走系统、转向系统和制动系统四部分组成。所谓通用的汽车底盘,是指除车架置换外(若有必要时),其余皆采用原汽车底盘。小型起重机可在原汽车底盘上附加副车架以支承上车结构,这是因为原汽车车架的强度和刚度都满足不了起重机起重时的要求。虽然采用附加副车架的工艺比较简单,但整个起重机的重心较高,质量较大。专用的汽车底盘是按起重机的要求设计的,轴距较长,车架刚性好。专用汽车底盘的驾驶室布置有三种:一是与通用汽车一样的正置平头式驾驶室;二是侧置的偏头式驾驶室;三是前悬下沉式驾驶室。侧置偏头式驾驶室底盘的汽车起重机可使起重吊臂在行驶状态时放在驾驶室旁侧,使整车重心大大下降,但驾驶室视野不良;前悬下沉式驾驶室视野良好,吊臂置于其上。因驾驶室低,吊臂位置也不高,故起重机重心较低。由于驾驶室悬挂在前桥前,故前桥轴荷较大,同时使车身增长,接近角减小,通过性较差,但可使吊臂的基本臂做得长些;因为基本臂长度与车长成正比。因此,在大型汽车起重机中常采用前悬下沉式的驾驶室。

2.履带式

履带式运行机构牵引力大,接地比压小,越野性能好,稳定性好,转弯半径小。履带式起重机的行走装置由底架、支重轮、引导轮、履带、托链轮、驱动轮及行走驱动装置等组成。履带起重机上部结构由底座支承在左右履带架上,履带下分支形成垫轨,支承于地面。驱动轮装在履带架后端,驱动履带转动,前端的引导轮用以张紧并引导履带正确绕转,防止脱轨,装在履带架下的支重轮将整机载荷经履带板传给地面。为减小履带上分支的挠度,一般采用1~2个托链轮支持。履带因磨损而伸长时,可用张紧装置调整松紧。履带的作用是将起重机的全部载荷传给地面并传递行走时所需的牵引力。驱动轮将动力传给履带,要求啮合正确,传动平稳。驱动轮齿数一般取为奇数,以便各齿能轮流与链轨销套啮合而磨损均匀。支重轮将起重机所受的载荷经履带传到地面。履带张紧装置与引导轮一起使履带保持一定的张紧度,缓和地面传来的冲击,减小履带在运行过程中的振动。遇到障碍时,张紧装置可让引导轮适当后移,起缓冲作用,使履带不会因局部过紧而损坏。履带张紧装置常见的有机械式(螺杆螺母)和液压式。现广泛采用液压式。底架为履带行走装置的支重架,由履带底架、横梁和履带架组成,履带底架上安装回转支承装置与转台、承受上部载荷并经横梁传给履带架。

根据现有方案的优缺点,经小组人员的研究分析,本着机动灵活、操作方便、实用可靠的原则,针对该吊装设备工作环境复杂,如路面是否铺装(水泥路面、泥石路面等),为提高工作作业效率,选用小型履带式起重机作为设计对象。

履带起重机上部结构由底座支承在左右履带架上。履带下分支形成垫轨,支承于地面。驱动轮装在履带架后端,驱动履带转动,前端的引导轮用以张紧并引导履带正确绕转,防止跑偏或脱轨。装在履带架下的支重轮将整机载荷经履带板传给地面。为减小履带上分支的挠度,一般采用1~2个托链轮支持。履带因磨损而伸长时,可用张紧装置调整松紧。履带的作用是将起重机的全部载荷传给地面并传递行走时所需的牵引力。驱动轮将动力传给履带,要求啮合正确,传动平稳,驱动轮齿数一般取为奇数,以便各齿能轮流与链轨销套啮合而磨损均匀。

吊装设备外观如图2.1所示;履带外形尺寸如图2.2所示。

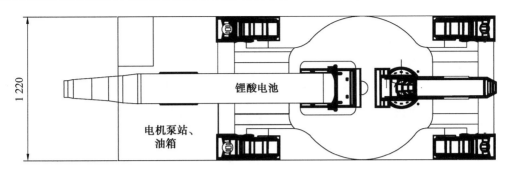

图 2.1　吊装设备外观图

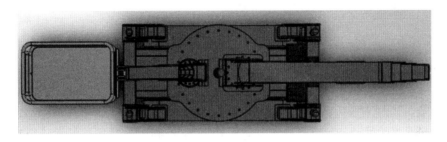

图 2.2　履带外形尺寸图

2.3.2　支腿机构选用

汽车、轮胎和铁路起重机都装有可收放支腿。支腿的作用是增大起重机的支承基底,提高起重能力。起重机一般装有四个支腿,前后左右两侧分置。为了补偿作业场地地面的倾斜和不平,增大起重机的抗倾覆稳定性,支腿应能单独调节高度。支腿要求坚固可靠,收放自如。工作时支腿外伸着地,起重机抬起。行驶时将支腿收回,减小外形尺寸,提高通过性。

支腿收放有手动和液压两种驱动型式。用人力收缩支腿,笨重费力,使用不便。近代汽车和轮胎式起重机都采用液压驱动的支腿。常见的支腿类型有蛙式支腿、H 形支腿、X形支腿、辐射式支腿和铰接式支腿等。H 形支腿,每一支腿有两个液压缸,即水平外伸液压缸和垂直支承液压缸。为保证足够的外伸距离,左右支腿的固定梁前后错开。H 形支腿外伸距离大,每个腿可以单独调节,对作业场地和地面的适应性好,广泛用于中、大型起重机上。缺点是质量大,支腿高度大,影响作业空间。X 形支腿的垂直支承液压缸作用在固定腿上,每个腿都能单独调节高度,可以伸入斜角内支承。X 形支腿铰轴数目多,行驶时离地间隙小,垂直液压缸的压力比 H 形支腿高,在打支腿时有水平位移,现已逐渐被 H形支腿取代。辐射式支腿用于大型轮胎式起重机,支腿结构直接装在回转支承装置的底座上,起重机上车所受的全部载荷直接经过回转支承装置传到支腿上。而蛙式支腿结构简单,液压缸数量少(一腿一缸),质量轻,支腿跨距不大,宜在小吨位起重机中使用。

支腿伸展时,通过操作台控制液压动力站的动能分配,以此来控制支腿液压杆的伸展和回缩,支腿底座的旋转通过手动实现,支腿结构如图 2.3 所示,支腿 3 手动从支腿 2 中拉出,支承板也通过手动调整。

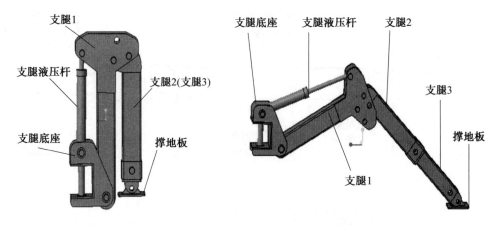

图 2.3 支腿结构图

完全展开后,两腿伸长后纵向距离为 4 139.04 mm,横向距离为 3 435.99 mm。

2.3.3 吊臂选用

汽车起重机的吊臂是起重机最重要的部分,起重机利用吊臂顶端的滑轮组支承卷扬钢丝绳悬挂重物,利用吊臂的长度和倾角的变化改变起升高度和工作半径。虽然吊臂的作用都是悬挂和搬运物体,但是不同的吊臂结构和技术,使起重机的性能和效率有很大的不同。

1.汽车起重机的吊臂结构

汽车起重机的吊臂一般包括主臂和副臂两部分。汽车起重机主吊臂主要有两种类型,一种是由型材和管材焊接而成的桁架结构吊臂,一种是有各种断面的箱型结构吊臂。随着汽车起重机的发展,现在大部分的汽车起重机主吊臂都是箱型结构,只有少部分是桁架结构。

汽车起重机副臂的作用是当主臂的高度不能满足需要时,可以在主臂的末端连接副臂,达到往高处起升物体的目的。副臂只能起升较轻的物体。副臂一般只有一节臂,也有两节以上的折叠式副臂或伸缩式副臂,其中以折叠式的桁架结构副臂最为常见。

2.汽车起重机的吊臂伸缩原理

(1)汽车起重机的吊臂伸缩形式有以下几种。

①顺序伸缩机构:伸缩臂的各节臂以一定的先后次序逐节伸缩。

②同步伸缩机构:伸缩臂的各节臂以相同的相对速度进行伸缩。

③独立伸缩机构:各节臂能独立进行伸缩。

④组合伸缩机构:当伸缩臂超过三节时,可以同时采用上列的任意两种伸缩方式进行伸缩。

(2)汽车起重机按伸缩机构的技术分,可以分为无销全液压伸缩机构和自动插销式伸缩机构。

①无销全液压伸缩机构的优点是臂长变化容易,工作臂长种类多,实用性很强。缺点是自重大,对整机稳定性的影响较大。

　　无销全液压伸缩机构有不同的组合形式,可以是多液压缸加一级绳排,也可以是单液压缸或多液压缸加两级绳排。

　　多液压缸加一级绳排的特点是最末一节伸缩臂采用钢丝绳伸缩,其他伸缩臂采用多级缸或多个单级缸或多级缸和单级缸套用等方式直接用油缸伸缩。因而最末伸缩臂的截面变化较大,其他臂节截面的变化较小。

　　单液压缸或多液压缸加两级绳排的特点是单缸或双缸加两级绳排实现四节或五节臂的伸缩。这在国内是最先进的伸缩方式,但解决五节臂以上起重臂的伸缩难度很大。

　　②自动插销式伸缩机构采用单缸、互锁的缸销和臂销、精确测长电子技术,其优点是质量轻,对整机稳定性的影响最小,伸缩速度较快、吊臂截面变化小、吊重刚度好,但技术难度大,成本较高,臂长种类少。

　　自动插销式伸缩机构具有能互锁的缸销和臂销,且缸销设计在吊臂两侧,臂销设计在吊臂上平面。其优点是结构简单,自锁性强;缺点是大变形拔臂销时费劲,需要来回伸缩才能拔出。

　　具有臂架伸缩机构的起重机,不需要接臂和拆臂,缩短了辅助作业时间。臂架全部缩回以后,起重机外形尺寸减小,提高了机动性和通过性。臂架采用液压伸缩机构,可以实现无级伸缩和带载伸缩,扩大了汽车轮胎和履带起重机、铁路救援起重机在复杂使用条件下的使用功能。

2.3.4　变幅机构选用

　　起重机中,用来改变幅度的机构称为变幅机构。起重机的变幅机构按工作性质分为非工作性变幅机构和工作性变幅机构;按机构运动形式分为臂架摆动式变幅机构和运行小车式变幅机构;按臂架变幅性能分为普通臂架变幅机构和平衡臂架变幅机构。

　　非工作性变幅机构只在起重机空载时改变幅度,调整取物装置的作业位置。其特点是变幅次数少,变幅时间对起重机的生产率影响小,一般采用较低的变幅速度,非工作性变幅也称为调整性变幅。工作性变幅机构用于带载条件下变幅,变幅过程是起重机工作循环的主要环节。变幅时间对起重机的生产率有直接影响,一般采用较高的变幅速度。为降低驱动功率,改善操作性能,工作性变幅机构常采用多种方法实现吊重水平位移和臂架自重平衡。

　　臂架摆动式变幅机构是通过臂架在垂直平面内绕其绞轴摆动改变幅度的。伸缩臂式起重机臂架既可摆动,也可伸缩,既能增加起升高度,也能改变起重机幅度。运行小车式变幅机构用于具有水平臂架的起重机,依靠小车沿臂架弦杆运行来改变起重机幅度。

　　普通臂架变幅机构变幅时会同时引起臂架重心和物品重心升降,耗费额外的驱动功率,适用于非工作性变幅。平衡臂架变幅机构采用各种补偿方法和臂架平衡系统,使变幅过程中物品重心沿水平线或近似水平线移动,臂架及平衡系统的合成重心高度基本不变,从而节省驱动功率,适用于工作性变幅。

　　为了增大幅度变化范围,臂架制成可伸缩的机构(图2.4)。臂架包括各节臂架结构件及各节伸缩油缸,当各级油缸进油使活塞杆顶出时,臂架长度逐渐增大,到活塞杆全部顶出时,臂架长度最大。具有臂架伸缩机构的起重机不需要接臂和拆臂,缩短了辅助作业时间,同时,外形尺寸的减小提高了起重机的机动性和通过性。

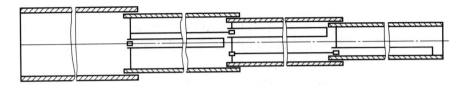

图 2.4　伸缩臂架结构简图

臂架摆动式变幅机构(图 2.5)在变幅过程中物品和臂架重心会随幅度改变而发生不必要的升降,需要耗费额外的能量,在增大幅度时产生较大的惯性载荷。由于这种变幅机构构造简单,因此在非工作性变幅或不经常带载变幅的汽车起重机、轮胎起重机、履带起重机等起重机中被广泛应用。

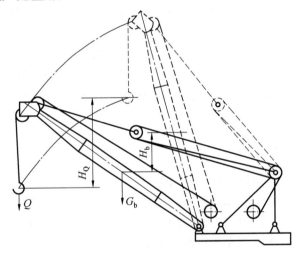

图 2.5　臂架摆动式变幅机构

2.3.5　回转支承装置选用

回转机构是臂架类型起重机的重要工作机构之一,它可以使起重机的回转部分相对于非回转部分做回转运动,进而使被吊重物绕起重机的回转中心做圆弧运动,实现在圆形区域内运输重物的目的。回转机构在门座式起重机、塔式起重机、轮胎式起重机、浮式起重机中应用最多,在有些桥式起重机中,为扩大工作范围,也会安装回转机构。

回转机构由回转支承装置和回转驱动机构两大部分组成。

(1)回转支承装置用来将回转部分支承在非回转部分上,保证回转部分有确定的运动,并承受回转部分作用于其上的垂直力、水平力和倾覆力矩。

(2)回转驱动机构用以驱动回转部分相对于非回转部分做回转运动。

滚动轴承式回转支承装置尺寸紧凑、性能完善,可以同时承受垂直力、水平力和倾覆力矩,密封和润滑条件好,回转阻力小,是应用最广的回转支承装置。但它对材料及加工工艺要求高,损坏后不便修复。因此,为保证轴承装置的正常工作,对固定轴承座圈的机架要求有足够的刚度。

这种回转支承装置实际上是一个扩大的滚动轴承,由内外座圈、滚动体及隔离体等组成。根据滚动体的形状,这种回转支承装置可分为滚球式和滚柱式两类。

(1)单排四点接触球式回转支承[图2.6(a)]由两个座圈组成,结构紧凑、质量轻、高度尺寸小;内、外座圈上的滚道是两个对称的圆弧面,钢球与圆弧面滚道四点接触,能同时承受轴向力、径向力和倾覆力矩;适用于中小型起重机。

(2)双排球式回转支承[图2.6(b)]有三个座圈,采用开式装配,钢球和隔离块可直接排入上、下滚道,上下两排钢球采用不同直径以适应受力状况的差异;滚道接触压力角较大(60°~90°),因此能承受很大的轴向载荷和倾覆力矩;适用于中型塔式起重机和汽车起重机。

(3)单排交叉滚柱式回转支承[图2.6(c)]由两个座圈组成,滚柱轴线1∶1交叉排列,接触压力角为45°;由于滚柱与滚道间是线接触,所以承载能力高于单排钢球式;这种回转支承制造精度高,装配间隙小,安装精度要求较高,适用于中小型起重机。

(4)三排滚柱式回转支承[图2.6(d)]由三个座圈组成,上、下及径向滚道各自分开;上下两排滚柱水平平行排列,承受轴向载荷和倾覆力矩,径向滚道垂直排列的滚柱承受径向载荷;是常用四种形式的回转支承中承载能力最大的一种,适用于回转支承直径较大的大吨位起重机。

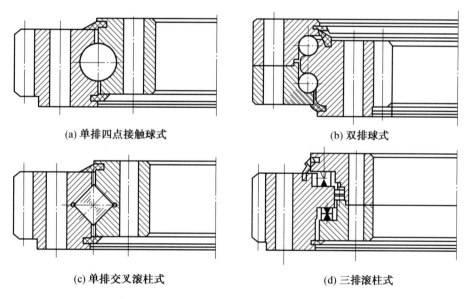

(a) 单排四点接触球式　　　　　　　　(b) 双排球式

(c) 单排交叉滚柱式　　　　　　　　(d) 三排滚柱式

图2.6　常用的四种滚动轴承式回转支承装置

2.3.6 回转驱动机构选用

回转驱动机构由驱动装置(原动机和传动装置)和回转驱动元件等组成。

回转驱动元件是指回转驱动机构的最后一级传动,它由大齿圈与行星小齿轮组成。通常情况下,大齿圈固定在起重机的底座上,行星小齿轮安装在固定于回转平台上的回转驱动装置的立轴上(需要时,有的也将大齿圈固定在回转平台上,小齿轮固定在底座上)。

大齿圈可作为外齿，也可作为内齿。大齿圈与行星小齿轮通常采用渐开线齿轮。当大齿圈直径太大时，为了制造简单，常采用由多根销轴组成的针齿轮，与针齿轮啮合的行星小齿轮为摆线齿轮。

驱动装置中的原动机，可以是电动机、液压马达或者某一根驱动轴，其选择是由起重机的动力源所决定的。目前，起重机多采用电力驱动和液压驱动。

1. 电动回转驱动装置

目前在电动起重机上主要采用下列三种形式的回转驱动装置。

（1）卧式电动机与蜗轮减速器驱动。它具有传动比大、结构紧凑的优点，缺点是传动效率低，常用于结构要求紧凑的中小型起重机上。该驱动装置中极限力矩联轴器的作用是：防止回转机构过载，保护电动机和驱动元件；风力过大时，允许臂架结构被风吹至顺风方向，减小迎风面积，保证整机的稳定性。如图 2.7 所示，其摩擦锥面与蜗轮内锥面靠弹簧 6 压紧，而将蜗轮的运动传给立轴 7。压紧弹簧张力用螺母调整，以得到要求传递的力矩值。当回转机构的回转力矩超过此力矩值时，极限力矩联轴器就打滑，使立轴 7 不随蜗轮一起转动。

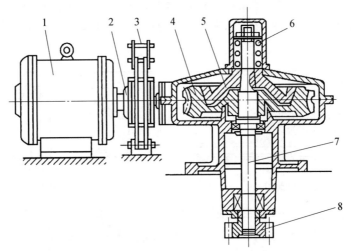

图 2.7　卧式电动机与蜗轮减速器驱动

1—卧式电动机；2—联轴器；3—制动器；4—蜗轮；5—极限力
矩联轴器的摩擦锥体；6—弹簧；7—立轴；8—行星齿轮

（2）立式电动机与立式圆柱齿轮减速器驱动（图 2.8）。其优点是平面结构紧凑，占据车架面积小，传动效率较高。它主要用在门座起重机上。为了增大传动比，有的采用三级齿轮减速的减速器。

（3）立式电动机与行星减速器驱动。这种驱动形式是利用行星减速器、摆线针轮传动、渐开线少齿差传动或谐波传动等代替立式圆柱齿轮减速器，以获得传动比更大、结构更紧凑的驱动装置，是起重机回转机构较理想的传动方案。中小起重量的起重机，其回转机构一般为一套驱动装置，大起重量起重机有时采用同规格的双套驱动装置。

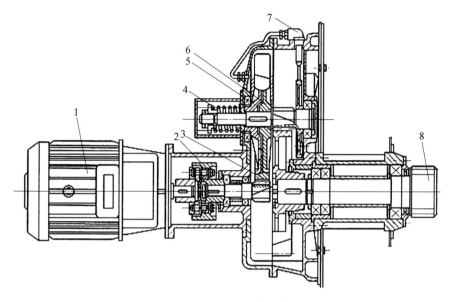

图2.8 立式电动机与立式圆柱齿轮减速器驱动

1—立式电动机;2—联轴器;3—齿轮轴;4—弹簧;5—轴承;6—齿轮;7—排油口;8—主轴

电动回转机构常采用自动作用的常闭式制动器(塔式起重机和门座式起重机例外)。对于塔式起重机和门座式起重机一般采用可操纵的常开式制动器,以避免制动过猛,且在遇有强风时,能自动回转到顺风位置,减小倾翻的危险。

2. 液压回转驱动装置

(1)高速液压马达与涡轮减速机器或行星减速器传动。

该传动在形式上与电力驱动基本相同。液压驱动的小起重量起重机,通过液压回路和换向阀的合理配置,可以使回转机构不装制动器,同时保证回转部分在任意位置上停住,并避免冲击。高速液压马达的驱动形式,在轮式起重机上应用较广。

(2)低速大扭矩液压马达回转机构(图2.9)。

低速大扭矩液压马达直接在马达轴上安装回转机构的小齿轮,若马达输出扭矩不能满足传动要求,则可以加装一级机械减速装置。该机构一般应用在一些小吨位汽车起重机上。

采用低速大扭矩液压马达可以省去或减少减速装置,因此结构紧凑。但低速大扭矩液压马达成本高,使用可靠性不如高速液压马达。

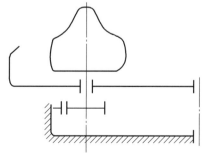

图2.9 低速大扭矩液压马达回转机构

（3）液压回转驱动机构典型油路（图2.10）。液压马达由换向阀控制旋转方向。双向缓冲阀的作用是避免回转机构启动或制动时产生过高的压力，保证机构动作平稳。缓冲阀的调整压力应略大于回路的额定工作压力。大吨位起重机回转惯性大，需要加装缓冲阀，小吨位起重机回转机构可以不装。

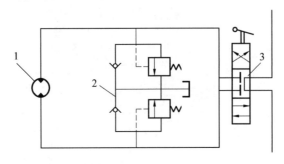

图2.10 液压回转驱动机构典型油路
1—液压马达；2—双向缓冲阀；3—换向阀

2.4 变电站用起吊装备机构的工作原理

电动机可以使用电池供电，也可以采用外接电源供电，由电动机供给液压动力站动力，液压动力站负责给液压马达和各部分液压缸提供能量；其中，行走底盘的行走，大转盘的转动，吊物大臂和载人小臂的起吊、收缩、伸展和旋转均通过遥控控制；支腿的收缩通过操作台控制，支腿的旋转通过手动控制。当带动行走底盘行走时，使用电池给电动机提供能量；当设备停止行走，开始进行作业时，使用外接电源。

2.4.1 底盘行走原理

通过遥控控制液压动力站给液压马达提供能量，由液压马达运转带动底盘行走。

2.4.2 大转盘转动原理

大转盘为回转支承结构，可以做360°旋转。其内部结构如图2.11所示，为内圈旋转，外圈支承型，大转盘的转动通过遥控控制。

图2.11 大转盘内部结构图

2.4.3 支腿的旋转与展缩

支腿伸展时，通过操作台控制液压动力站的动能分配，以此来控制支腿液压杆的伸展和回缩，支腿底座的旋转通过手动实现，支腿结构如图2.3所示，支腿3手动从支腿2中拉出，支承板也通过手动调整。

2.4.4　吊物大臂与载人小臂原理

图 2.12 所示为吊物大臂和载人小臂中吊臂的伸缩原理图,采用单液压缸加绳排技术。

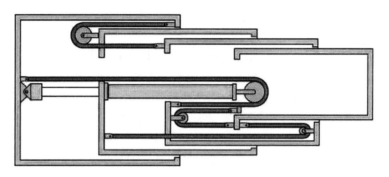

图 2.12　吊臂伸缩原理图

图 2.13 所示为吊物大臂下的液压绞车示意图,绞车的卷筒上缠绕有钢丝绳,钢丝绳延伸至吊臂末端,并与吊钩连接。通过遥控控制液压绞车卷筒的旋转,来控制吊绳的收缩,以此达到起吊重物的目的。

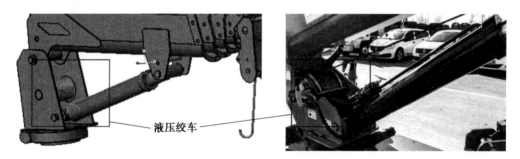

图 2.13　液压绞车模型图与实物图

图 2.14 所示为吊杆回转原理,底部为回转支承机构,内部为蜗轮蜗杆结构,通过蜗杆的转动,带动涡轮做 360°旋转,实现二者的 360°旋转。

图 2.14　吊杆回转原理图

2.5 变电站用起吊装备的参数计算

2.5.1 起升高度与吊臂长度

起升高度是指从地面或轨道顶面至取物装置最高起升位置的铅垂距离(吊钩取钩环中心,抓斗、其他容器和起重电磁铁取其最低点),单位为 m。臂架长度可变的轮胎、汽车、铁路、履带起重机的起升高度随臂架仰角和臂长而变,在各种臂长和不同臂架仰角时可得相应的起升高度曲线。表 2.1 为轮胎起重机的主要设计参数。臂架长度可变的轮胎、汽车、铁路、履带起重机的起升高度随臂架仰角和臂长在变,在各种臂长和不同臂架仰角时可得相应的起升高度曲线。浮式起重机的起升高度是指考虑船倾影响后的实际起升高度。起升高度的选择按作业要求而定。在确定起升高度时,应考虑配属的吊具、路基和车辆高度,保证起重机能将最大高度的物品装入车内。用于船舶装卸的起重机应考虑潮水涨落的影响。桥式和臂架类型起重机的起升高度无特殊要求。

表 2.1 轮胎起重机的主要设计参数

最大额定起重量 Q/t	最小额定幅度 R/m	起重力矩 M(大于)/(t·m)		起重高度 H(不小于)/(t·m)	
		基本臂	最长主臂	基本臂	最长主臂
3	2.8	8.1	6.0	5.5	10
5	3.0	15.0	10.5	6.7	11
8(3.0)	3.0	24.0	15.0	7.5/5.5	12/9.0
10(4.0)	3.0	30.0	22.0	8.0/6.0	13/10
12(4.5)	3.0	36.0	24.0	8.5/6.5	14/11
16(5.0)	3.0	48.0	28.0	9.0/7.0	22/17
20(5.5)	3.0	66.0	38.0	9.5/7.5	23/18
25(7.0)	3.0	75.0	48.0	9.5/8.0	24/20
3.2(8.0)	3.0	95.0	60.0	10.0/9.0	25/24

在确定起升高度时,应考虑配属的吊具、路基和车辆高度,保证起重机能将最大高度的物品装入车内。如果取物装置能下落到地面或轨面以下,从地面或轨面至取物装置最低下放位置间的铅垂距离称为下放深度。根据表 2.1,同时考虑吊装设备的作业要求,此时总起升高度应为

$$H = h_1 + h_2 = 8\,750 \times \sin 75° + 613 = 9\,065 \text{ mm}$$

式中　H——起升高度;

　　　h_1——轨面以上的起升高度;

　　　h_2——轨面以下的下放深度。

吊臂外形如图 2.15 所示。

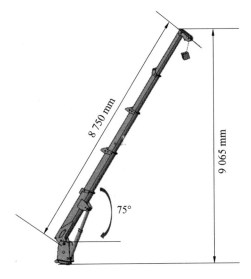

图 2.15　吊臂外形图

2.5.2　幅度

旋转臂架式起重机处于水平位置时,回转中心线与取物装置中心铅垂线之间的水平距离称为幅度(R)。幅度的最小值和最大值根据作业要求而定。在臂架变幅平面内起重机机体的最外边至取物中心铅垂线之间的距离称为有效幅度。对于轮胎和汽车起重机,有效幅度通常是指使用支腿工作、臂架位于侧向最小幅度时,取物装置中心铅垂线至该侧两支腿中心连线的水平距离,它表示起重机在最小幅度时工作的可能性。

$$R_{max} = l\cos 30° = 8\ 750 × \cos 30° = 7\ 578\ mm$$
$$R_{min} = l\cos 75° = 8\ 750 × \cos 75° = 2\ 265\ mm$$

式中　R_{max}——吊臂工作时的最大幅度;

　　　R_{min}——吊臂工作时的最小幅度;

　　　l——吊物大臂的总长度。

2.5.3　支腿跨度

汽车起重机和轮胎起重机基本参数系列标准中规定了最小额定幅度。该幅度是起重机起开最大额定起重量时(也是用基本臂工作时)的最小工作幅度。规定了起重机最大额定起重量 Q_{max} 和最小工作幅度 R_{min},也就基本确定了该起重机的起重能力。最小工作幅度规定得过大,将使同一起重量等级的起重机具有较大的起重能力,但其吊臂的自重和造价将有所提高,吊臂重量的增大将恶化大幅度时的起重性能,而造价的提高将不利于市场竞争。因为该工况只能在试验场上实现,此时起重机的有效幅度 A 将是负值。设支腿跨度为 $2a$,则有

$$A = R - a$$

式中　A——有效幅度;

R——幅度；

a——支腿跨度大小为 $2a$。

根据 2.5.2 节求得的幅度大小,推算支腿跨度的大小在 4~4.4 m 左右,满足设计要求。

2.5.4 工作速度

起重机机构工作速度根据作业要求而定,额定起升速度是指起升机构电动机在额定转速时,取物装置满载起升的速度。多层卷绕的起升速度按钢丝绳在卷筒上第一层卷绕时计算。伸缩臂架式起重机以不同臂长作业时需改变起升滑轮组倍率,因此,起升速度常以单绳速度表示。起重机机构的额定工作速度如表 2.2 所示。

表 2.2　起重机机构的额定工作速度

直线速度/(m·s⁻¹)	0.1	0.125	0.16	0.2
	0.25	0.32	0.4	0.5
	0.63	0.8	1.0	1.25
	1.6	2.0	2.5	3.2
	4	5		
回转速度/min	0.192	0.24	0.3	0.378
	0.48	0.6	0.75	0.96
	1.2	1.5	1.92	2.1
	3.0	3.78	4.8	

2.5.5 工作级别

根据起重机设计手册,根据表 2.3 和表 2.4 来确定吊装设备的整机工作级别为 A1,根据表 2.4 来确定吊装设备不同用途工作级别。

表 2.3　流动式起重机整机工作级别

起重机工作状态	工作级别
使用吊钩、非连续作业的起重机	A1
使用抓斗或电磁铁作业的起重机	A3
繁重作业的起重机(如集装箱吊运、港口装卸)	A4

表 2.4　不同用途起重机工作级别

起重机用途	整机工作级别	起升工作级别	小车运行工作级别	小车运行工作级别
人力驱动起重机	A1	M1	M1	M1
车间装配起重机	A1	M2	M1	M2
电站用起重机	A1	M2	M1	M3

起重机机构工作速度根据作业要求而定,额定起升速度是指起升机构电动机在额定转速时,取物装置满载起升的速度。多层卷绕的起升速度按钢丝绳在卷筒上第一层卷绕时计算。伸缩臂架式起重机以不同臂长作业时需改变起升滑轮组倍率,因此,起升速度常以单绳速度表示。

(1)根据起重机所服务对象的作业要求考虑。如主要用于港口码头和料场装卸作业的起重机,为了提高装卸货物及材料的生产率,一般要求工作速度快。对于建筑安装工程使用的起重机,则要求吊装平稳性好,其工作速度相应的要低些,甚至要求能实现微动速度(一般在 1~5 m/min)。

(2)工作速度选择与运动行程有关。行程小,采用高速显然不合理。因为合理的速度应是在正常工作时机构能达到稳定运动,不然在机构未达到等速稳定运动前就要制动。所以一般只有在运动行程大时,如用于高层建筑中的起重机的卷扬机构,才采用较高的速度。

(3)起重机工作速度的选择与机型有关。如大起重量的起重机,主要解决重件吊装问题,工作并不频繁,工作速度不是主要问题,这种情况下,为了降低驱动功率,减少动力载荷和增加工作平稳性,一般速度取得较低。

(4)根据机构本身作业要求和运动性质,各机构可选择不同的速度。如回转速度因受启动、制动惯性力的限制,回转速度取得很低。因为变幅运动对起重机平稳性和安全性有很大影响,变幅速度也不能取得很大,特别是带载变幅时速度取得更低

根据查表可知,履带式吊装设备的工作速度范围是 0.133~0.5 m/s 其中机构的额定工作速度选取 $v=0.2$ m/s。

2.5.6　载荷情况

根据表 2.5,确定主起升机构利用等级 T4 或 T5,载荷情况 L1 或 L2,工作级别 M3 或 M4,且采用液压传动。

表 2.5　主起升机构利用等级

起重机型号			利用等级	载荷情况	工作级别
塔式起重机	建筑、施工安装用	$H<60$ m	T2~T4	L2	M2~M4
	输送混凝土用	$H>60$ m	T4,T5	L2	M4,M5
		$H<60$ m	T3,T4	L2,L3	M4,M5
		$H>60$ m	T4,T5	L2,L3	M4~M6
汽车、轮胎、履带、铁路起重机	安装及装卸用吊钩式		T4,T5	L1,L2	M3,M4
	装卸用抓斗式		T5,T6	L2,L3	M5~M7

2.6 变电站用起吊装备的载荷类型分析

2.6.1 金属结构设计的载荷组合

作用在起重机上的载荷分为三类,即基本载荷、附加载荷和特殊载荷。

1. 基本载荷

基本载荷是指始终或经常作用在起重机结构上的载荷,包括自重载荷、起升载荷、惯性水平载荷,以及考虑动载系数与相应静载荷相乘的动载效应。对于某些用抓斗(料箱)或电磁盘作业的起重机,应考虑由于突然卸载使起升载荷产生的动态减载作用。

2. 附加载荷

附加载荷是指起重机在正常工作状态下结构所受到的非经常性作用的载荷。包括起重机工作状态下作用在结构上的最大风载荷、起重机偏斜运行侧向力,以及根据实际情况而考虑的温度载荷、冰雪载荷及某些工艺载荷等。

3. 特殊载荷

特殊载荷是指起重机处于非工作状态时,结构可能受到的最大载荷或者在工作状态下结构偶然受到的不利载荷。前者如结构所受到的非工作状态的最大风载荷、试验载荷,以及根据实际情况决定而考虑的安装载荷、地震载荷和某些工艺载荷等;后者如起重机在工作状态下所受到的碰撞载荷等。

只考虑基本载荷组合者为组合Ⅰ,考虑基本载荷和附加载荷组合者为组合Ⅱ,考虑基本载荷和特殊载荷组合者或三类载荷组合者为组合Ⅲ。

(1)第Ⅰ类载荷组合。

起重机起吊正常质量的物品,平稳起动制动,轨道或路面情况正常受工作状态下平均风压 t 作用,按第Ⅰ类载荷组合进行零件和构件的疲劳、磨损和发热计算。如果起重机的起升载荷和其他载荷不是定值,应按当量载荷而非最大载荷计算。进行疲劳和磨损计算时,可以不考虑风载荷作用。

A1:起重机在正常工作状态下,无约束地升起地面的物品,无工作状态风载荷及其他气候影响产生的载荷,此时只应与正常操作控制下的其他驱动机构(不包括起升机构)引起的驱动加速力相结合。

A2:起重机在正常工作状态下,突然卸除部分起升质量,无工作状态风载荷及其他气候影响产生的载荷,此时应按 A1 的驱动加速力相结合。

A3:起重机在正常工作状态下,(空中)悬吊着物品,无工作状态风载荷及其他气候影响产生的载荷,此时应考虑悬吊物品及吊具的重力与正常操作控制的任何驱动机构(包括起升机构)在一连串运动状态中引起的加速力或减速率进行任何的组合。

A4:在正常工作状态下,起重机在不平道路或轨道上运行,无工作状态风载荷及其他气候影响产生的载荷,此时应按 A1 的驱动加速力组合。

（2）第Ⅱ类载荷组合。

起重机起吊额定起重量的物品，克服最大静阻力，猛烈起动和制动，受工作状态下的最大风压作用，轨道或路面状况不好，爬越最大坡度。对于浮式起重机，如果在海上作业，船体在风浪中摇摆，应按船体最大横倾考虑。按第Ⅰ类载荷组合进行零件、构件的静强度计算、整机抗倾覆稳定性计算、校核原动机的过载能力和制动器的制动转矩。根据起重机实际操作情况，考虑具体的载荷组合，为兼顾安全性和经济性，对出现概率极小的尖峰载荷，或同时出现最大值的小概率载荷组合，可以不做考虑。最大载荷值受以下情况限制：主动车轮打滑、摩擦离合器打滑、液压系统安全阀开启、电气保护装置动作、松闸装置作用（锻造起重机）、安全销剪断等。

B1：起重机在正常工作状态下，无约束地升起地面的物品，考虑工作状态风载荷及其他气候影响产生的载荷，此时只应与正常操作控制下的其他驱动机构（不包括起升机构）引起的驱动加速力相结合。

B2：起重机在正常工作状态下，突然卸除部分起升质量，考虑工作状态风载荷及其他气候影响产生的载荷。

B3：起重机在正常工作状态下，（空中）悬吊着物品，考虑工作状态风载荷及其他气候影响产生的载荷，此时应考虑悬吊物品及吊具的重力与正常操作控制的任何驱动机构（包括起升机构）在一连串运动状态中引起的加速力或减速率进行任何的组合。

B4：在正常工作状态下，起重机在不平道路或轨道上运行，考虑工作状态风载荷及其他气候影响产生的载荷。

B5：在正常工作状态下，起重机在带坡度的不平轨道上以恒速偏斜运行，有工作状态风载荷及其他气候影响产生的载荷（其他机构不运动）。

当起重机的具体使用情况下认为应该考虑坡度载荷及工艺性载荷时，可以将坡度载荷视作偶然载荷在起重机的无风工作状态下或有风工作状态下的载荷组合力中予以考虑，将工艺性载荷视作偶然载荷或特殊载荷予以考虑。

（3）第Ⅲ类载荷组合。

起重机处于非工作状态时所承受的最大风压作用，按第Ⅰ类载荷组合校核起重机自身抗倾覆稳定性和防风抗滑安全性。对抗倾覆及防滑机构零部件，进行强度计算。对于浮式起重机和甲板起重机，还需考虑由于船体摇摆产生的载荷。如果没有特殊的锁定装置，小车、吊臂和转台的位置，均按最不利的情况考虑。由于第Ⅱ类载荷出现的概率较小，静强度验算时的安全系数可取最小值。

C1：起重机在工作状态下，用最大起升速度无约束地起升地面载荷，例如相当于电动机或发动机无约束地起升地面上松弛的钢丝绳，当载荷离地时升速度达到最大值（使用导出的 P_M，其他机构不运动）。

C2：起重机在非工作状态下，有非工作状态风载荷及其他气候影响产生的载荷。

C3：起重机在动载荷试验状态下，起升动载试验载荷，并有试验状态风载荷，与载荷组合 A1 的驱动加速力相结合。

C4：起重机带有额定起升载荷，与缓冲碰撞力产生的载荷相组合。

C5：起重机带有额定起升载荷，与倾翻力产生的载荷相组合。

C6：起重机带有额定起升载荷，与意外停机引起的载荷相组合。

C7：起重机带有额定起升载荷，与机构失效引起的载荷相组合。

C8：起重机带有额定起升载荷，与起重机基础外部激励产生的载荷相组合。

C9：起重机在安装、拆卸或运输期间产生的载荷组合。

除上述三种基本的载荷组合以外，起重机有可能受到特殊载荷作用，例如运输载荷、安装载荷、地震载荷、缓冲器碰撞载荷等。根据具体情况，按这些有关的特殊载荷校核起重机整机及有关零件、构件的强度，安全系数取最小值。

2.6.2 机械设计的载荷组合

1. 机械设计的载荷

（1）PM型载荷。

由电动机驱动转矩或制动器制动转矩所确定的载荷用PM表示，属于这类载荷的有以下几种。

①由起升质量垂直位移引起的载荷PMQ。

②由起重机其他运动部分的质量垂直位移引起的载荷PMG。

③与机构加（减）速有关的起（制）动惯性载荷PMA。

④与机构传动效率中未考虑的摩擦力相对应的载荷PMF。

⑤工作风压作用在起重机结构或机械设备（或大面积的起升物品）上的风载荷PMW。

（2）PR型载荷。

与电动机及制动器的作用力无关，作用在机构零件上但不能与驱动轴上的转矩相平衡的反作用力性质的载荷用PR表示，属于这类载荷的有以下几种。

①由起升质量引起的载荷PRQ。

②由起重机零部件质量引起的载荷PRG。

③由起重机或它的某些部分做不稳定运动时的加（减）速度引起的惯性载荷PRA。

④由最大非工作风压或锚定装置设计用的极限风压引起的载荷PRW。

2. 机械设计的载荷情况与载荷组合

（1）载荷情况 I（无风正常工作情况下）的载荷组合。

①PM型载荷。PM型的最大组合载荷 $PM_{max\,I}$ 型，用 $PM_{max\,I}$ 型载荷所定义的载荷 PMQ、PMG、PMA、PMF 按下式进行组合确定

$$PM_{max\,I} = (\overline{PMQ} + \overline{PMG} + \overline{PMA} + \overline{PMF})\gamma_m \qquad (2.1)$$

式中 $PM_{max\,I}$——在载荷情况 I（无风正常工作）出现的 PM 型的最大组合载荷；

$\overline{PMQ}$——由起重机其他的运动部分的质量垂直位移引起的载荷，N；

$\overline{PMG}$——由起升质量垂直位移引起的载荷，N；

$\overline{PMA}$——与机构加（减）速有关的起（制）动惯性载荷，N；

$\overline{PMF}$——与机构传动效率中未考虑的摩擦力相对应的载荷，N；

γ_m——增大系数。

注:式内所需考虑的载荷并不是其每一项最大的组合,而是在起重机实际工作中可能发生的最不利的载荷组合时所出现的综合最大载荷值,即式(2.1)中各项载荷 P 上加横线的含义,以下同。

②PR 型载荷。PR 型的最大组合载荷 $PR_{max\,I}$ 用 PR 型载荷所定义的载荷 PRQ、PRG、PRA 按下式进行组合确定

$$PR_{max\,I} = (\overline{PRQ} + \overline{PRG} + \overline{PRA})\gamma_m$$

式中　$PR_{max\,I}$——在载荷情况 I(无风正常工作)中出现的 PR 型的最大组合载荷,N;

$\overline{PRQ}$——由起升质量引起的载荷,N;

$\overline{PRG}$——由起重机零部件质量垂直位移引起的载荷,N;

$\overline{PRA}$——由起重机或它的某些部分做不稳定运动时的加(减)速度引起的惯性载荷,N;

γ_m——增大系数。

(2)载荷情况 II(有风正常工作情况)的载荷组合。

①PM 型载荷。PM 型的最大组合载荷 $PM_{max\,II}$,用 $PM_{max\,II}$ 型载荷所定义的载荷 PMQ、PMG、PMF 按下式计算的两个组合计算结果中的较大者来确定。

a.考虑对应于计算风压 P_I,风载荷 PMW1 和载荷 PMA 作用的载荷组合,按下式确定

$$PM_{max\,II} = (\overline{PMQ} + \overline{PMG} + \overline{PMA} + \overline{PMF} + \overline{PMW}_I)\gamma_m$$

式中　$\overline{PMW}_I$——作用在起重机或大表面积的起升物品上的工作状态风载荷,N;

$\overline{PMQ}$——由起重机其他的运动部分的质量垂直位移引起的载荷,N;

$\overline{PMG}$——由起升质量垂直位移引起的载荷,N;

$\overline{PMA}$——与机构加(减)速有关的起(制)动惯性载荷,N;

$\overline{PMF}$——与机构传动效率中未考虑的摩擦力相对应的载荷,N;

γ_m——增大系数。

b.考虑对应于计算风压 P_{II} 的风载荷 PMW_{II} 作用的载荷组合,按下式确定

$$PM_{max\,II} = (\overline{PMQ} + \overline{PMG} + \overline{PMF} + \overline{PMW}_{II})\gamma_m$$

式中　$\overline{PMW}_{II}$——作用在起重机成大表面积的起升物品上的工作状态风载荷,N;

$\overline{PMQ}$——由起重机其他的运动部分的质量垂直位移引起的载荷,N;

$\overline{PMG}$——由起升质量垂直位移引起的载荷,N;

$\overline{PMF}$——与机构传动效率中未考虑的摩擦力相对应的载荷,N;

γ_m——增大系数。

②PR 型载荷。PR 型的最大载荷 $PR_{max\,II}$,用 PR 型载荷所定义的载荷 PRQ、PRG、PRF 和对应于计算风压为 P_{II} 时的风载荷 PRW_{II} 作用的载荷组合,按下式确定

$$PM_{max\,II} = (\overline{PRQ} + \overline{PRG} + \overline{PRA} + \overline{PRW}_{II})\gamma_m$$

式中 $PM_{max \, II}$——在载荷情况 II（有风正常工作）中出现的 PR 型的最大组合载荷，N；

$\overline{PRW_{II}}$——工作风压引起的相应风载荷，N；

$\overline{PRQ}$——由起升质量引起的载荷，N；

$\overline{PRG}$——由起重机零部件质量垂直位移引起的载荷，N；

$\overline{PRA}$——由起重机或它的某些部分做不稳定运动时的加（减）速度引起的惯性载荷，N；

γ_m——增大系数。

（3）载荷情况 III（特殊载荷作用情况）的载荷组合。

由于起重机小车与缓冲器或固定障碍物相碰所引起的机构受到的载荷通常远小于结构受到的自重载荷与非工作状态最大风载荷，因此 PR 型载荷的最大组合载荷 PRW_{III} 就可取为 C2 给出的载荷，按下式确定

$$PR_{max \, III} = \overline{PRQ} + \overline{PRM_{max}}$$

式中 $PM_{max \, III}$——在载荷情况 III（特殊载荷情况）中出现的 PR 型的最大组合载荷，N；

$\overline{PRQ}$——由起重机零部件质量引起的相应载荷，N；

$PR_{max \, III}$——非工作风压引起的相应最大风载荷，N。

当采用附加的锚定装置或者抗风牵索来保证在极限风压时的起重机整体抗倾翻稳定性时，应考虑这些装置或牵索对相应机构的影响。

计算 PM 型载荷的说明和应用。起重机的各机构的功能有：使运动质心做纯垂直位移（如起升运动）；使运动质心做水平位移的所谓纯水平位移（如横向运行、纵向运行，回转或平衡式变幅运动）；使运动质心做垂直位移和水平相组合的位移（如非平衡式变幅运动）。

①起升运动。PM_{max} 的计算公式简化如下。

a. 载荷情况 I 和载荷情况 II。

$$PM_{max \, II} = (\overline{PMQ} + \overline{PMF}) \gamma_m$$

式中 $PM_{max \, II}$——在载荷情况 II（有风正常工作）中出现的 PR 型的最大组合载荷，N；

$\overline{PMQ}$——由起升质量引起的载荷，N；

$\overline{PMF}$——与机构传动效率中未考虑的摩擦力相对应的载荷，N；

γ_m——增大系数。

此处，由起升加速度产生的载荷 PMA 忽略不计，因为它同 PMQ 相比是微不足道的。

b. 载荷情况 III。

$$PM_{max \, III} = (\overline{PMQ} + \overline{PMF}) \times 1.6$$

式中 $PM_{max \, III}$——在载荷情况 III（特殊载荷情况）中出现的 PM 型的最大组合载荷，N；

$\overline{PMQ}$——由起升质量引起的载荷，N；

$\overline{PMF}$——与机构传动效率中未考虑的摩擦力相对应的载荷，N。

考虑到前面对 PM 型载荷所提出的一般原则，可以认为能传递到起升机构上的最大

组合载荷,实际上限制在 $\mathrm{PM}_{\max\mathrm{I}}$ 的载荷的 1.6 倍。

②水平运动。$\mathrm{PM}_{\max}$ 的计算公式简化如下。

a. 载荷情况 I 。

$$\mathrm{PM}_{\max\mathrm{I}} = (\overline{\mathrm{PMF}} + \overline{\mathrm{PMA}})\gamma_{\mathrm{m}}$$

$$\mathrm{PM}_{\max\mathrm{I}} = (\overline{\mathrm{PMF}} + \overline{\mathrm{PMA}})\gamma_{\mathrm{m}}$$

式中　$\mathrm{PM}_{\max\mathrm{I}}$——在载荷情况 I(无风正常工作)出现的 PM 型的最大组合载荷;

$\overline{\mathrm{PMA}}$——与机构加(减)速有关的起(制)动惯性载荷,N;

$\overline{\mathrm{PMF}}$——与机构传动效率中未考虑的摩擦力相对应的载荷,N;

γ_{m}——增大系数。

b. 载荷情况 II 。

取式中的较大者,即

$$\mathrm{PM}_{\max\mathrm{II}} = (\overline{\mathrm{PMF}} + \overline{\mathrm{PMA}} + \overline{\mathrm{PWM}}_{\mathrm{I}})\gamma_{\mathrm{m}}$$

或

$$\mathrm{PM}_{\max\mathrm{II}} = (\overline{\mathrm{PMF}} + \overline{\mathrm{PWM}}_{\mathrm{I}})\gamma_{\mathrm{m}}$$

式中　$\mathrm{PM}_{\max\mathrm{II}}$——在载荷情况 II(有风正常工作)中出现的 PR 型的最大组合载荷,N;

$\overline{\mathrm{PWM}}_{\mathrm{I}}$——在载荷情况 I(无风正常工作)出现的 PM 型的最大组合载荷,N;

$\overline{\mathrm{PMA}}$——与机构加(减)速有关的起(制)动惯性载荷,N;

$\overline{\mathrm{PMF}}$——与机构传动效率中未考虑的摩擦力相对应的载荷,N;

γ_{m}——增大系数。

c. 载荷情况 III 。

对 $\mathrm{PM}_{\max\mathrm{III}}$,取对应于电动机(或制动器)最大扭矩的载荷。但如果作业条件限制了实际传递的扭矩,例如由于车轮在轨道上打滑,或者由于使用了适当的限制器(如液压联轴器、极限力矩联轴器等),这时就应取实际可能传递的扭矩。

③复合运动。

a. 载荷情况 I 和载荷情况 II 。

载荷 $\mathrm{PM}_{\max\mathrm{I}}$ 和 $\mathrm{PM}_{\max\mathrm{II}}$ 用下式来确定

$$\mathrm{PM}_{\max\mathrm{I}} = (\overline{\mathrm{PMQ}} + \overline{\mathrm{PMG}} + \overline{\mathrm{PMA}} + \overline{\mathrm{PMF}})\gamma_{\mathrm{m}}$$

式中　$\mathrm{PM}_{\max\mathrm{I}}$——在载荷情况 I(无风正常工作)出现的 PM 型的最大组合载荷;

$\overline{\mathrm{PMQ}}$——由起重机其他的运动部分的质量垂直位移引起的载荷,N;

$\overline{\mathrm{PMG}}$——由起升质量垂直位移引起的载荷,N;

$\overline{\mathrm{PMA}}$——与机构加(减)速有关的起(制)动惯性载荷,N;

$\overline{\mathrm{PMF}}$——与机构传动效率中未考虑的摩擦力相对应的载荷,N;

γ_{m}——增大系数。

或

$$PM_{max\,II} = (\overline{PMQ} + \overline{PMG} + \overline{PMA} + \overline{PMF} + \overline{PMW}_I)\gamma_m$$

$$PM_{max\,II} = (\overline{PMQ} + \overline{PMG} + \overline{PMA} + \overline{PMF} + \overline{PMW}_I)\gamma_m$$

式中　$PM_{max\,II}$——作用在起重机或大表面积的起升物品上的工作状态风载荷,N;

$\overline{PMQ}$——由起重机其他的运动部分的质量垂直位移引起的载荷,N;

$\overline{PMG}$——由起升质量垂直位移引起的载荷,N;

$\overline{PMA}$——与机构加(减)速有关的起(制)动惯性载荷,N;

$\overline{PMF}$——与机构传动效率中未考虑的摩擦力相对应的载荷,N;

γ_m——增大系数。

b. 载荷情况III。

当用于质心升高运动的功率,同克服加速或风力影响所需的功率相比可以忽略不计时,载荷最大值 $PM_{max\,III}$ 取为由电动机最大转矩引起的载荷,此值虽然很高,但可以接受,因为它增加了安全性。

反之,当用于克服加速或风力影响所需的功率,同用于质心升高运动的功率相比可以忽略不计时,按 $PM_{max\,III} = 1.6\, PM_{max\,II}$ 来计算。

在这两个极限值之间的各种情况,应根据选用的电动机、起动方式,以及由惯性和风力影响引起的载荷与由质心升高引起的载荷的相对值来进行研究。当作业条件限制了实际传递给机构的力矩(水平运动),而它又小于上述数值时,则将此限制的极限力矩为 $PM_{max\,III}$ 的值。

2.7　本章小结

本章首先分析了变电站用起吊装备总体布置,包括施工升降机、塔式起吊装备和车式起吊装备三种类型起吊装备的总体布置方案;其次分析了变电站用起吊装备机构的选用原则及工作原理,包括底盘、支腿机构、吊臂、变幅机构、回转支承装置和回转驱动机构的选用原则及工作原理;然后对变电站用起吊装备的起升高度与吊臂长度、幅度、支腿跨度、工作速度和级别以及载荷情况进行分析计算;最后分析了金属结构设计的载荷组合和机械设计的载荷组合,可将其大致分为基本载荷、附加载荷和特殊载荷三类。

第3章 变电站用起吊装备的结构设计及相关计算

起重机械是一种能在一定范围内完成物料升降和运移的机械,它是现代工业中实现生产过程机械化、自动化,提高劳动生产率的重要的物料搬运设备,广泛应用于工厂、矿山、港口、车站、建筑工地、电站等生产领域。由于起重机械在物料搬运过程中涉及生命安全、具有较大危险性,因此起重机械属特种设备,国家对起重机械的生产、使用、检验检测等环节实行监督。起重机械的工作过程具有周期循环、间歇动作的特点。一个工作循环一般包括上料、运送、卸料及空车复位四个阶段,在两个工作循环之间有短暂的停歇。起重机械工作时,各机构经常处于启动、制动或正向、反向等交替运动的状态。

3.1 概　　述

从整体功能上看,一般情况下,起重机可以看作由机械部分、金属结构部分和电气控制三大部分组成的。机械部分主要实现起升、运行、回转和变幅等动作,分别由相应的起升机构、运行机构、回转机构和变幅机构来实现;金属结构部分是起重机械的躯干,具有支承零部件的作用;电气控制部分的作用是对机构的动作进行驱动和控制。

在我国由于起重机造价、维护费用昂贵及资金短缺等原因,用户都希望尽可能增长每一台设备的服役时间,实现经济效益的最大化。延长其使用寿命,导致很多起重机超期服役,在使用中的很多起重机的本体结构已经出现了疲劳损伤和裂纹等,使安全生产存在巨大的隐患,在后期的安全生产中,灾难性事故随时可能发生。近年来,随着国家对生产安全的重视,相关规范和法律法规不断完善,全国特种设备事故发生的趋势是稳中有降,但起重机械事故发生起数仍处在高位,安全形势依然十分严峻。国内外起重机结构事故时有报道,伴随事故发生的还有人身财产损失。

本吊装设备主要是在多约束多工况的条件下进行工作,是指吊装设备在变电站内作业时的作业参数和外部环境对设备等的工作状况和作业约束有多种可能的影响。具体的多约束是指设备起吊时作业空间和电磁环境等设备的作业范围以及作业的稳定性、安全性的影响;多工况是指如路面是否铺装(水泥路面、泥石路面等)、起吊质量(轻件、满载件等)乃至天气等对设备工作的影响。基于此,需要设计一个满足于变电站使用的多约束多工况的起重机械就十分有必要。

完成新型变电站专用吊装设备的研制,结合设计方案和力学计算以及虚拟装配和动力学分析完成新型变电站专用吊装设备的研制,有效降低变电站狭小空间施工作业带来的安全风险,减轻施工劳动强度,缩小设备停电范围,进一步提高变电设备运行效率,提高电力系统工程建设的安全性和可靠性。

本方案的目的在于提供一种变电站起吊装置,用于解决现有技术中存在的效率低下和维护成本高的技术问题。为达到上述目的,本技术方案如下。

设计一种变电站起吊装置,主要结构包括车体、载人机构、起吊机构和回转支承机构。

回转支承机构包括第一回转机构、回转平台、第二回转机构和第三回转机构。电机的输出轴与螺旋轴连接;螺旋轴与啮合齿轮啮合传动连接。

载人机构包括载人转臂、载人支承臂、载人吊篮和第一液压油缸。载人支承臂的第一端铰接于所述载人转臂的顶部,载人支承臂的第二端与载人吊篮连接;第一液压油缸铰接于所述载人转臂的底部,第一液压油缸的活塞杆与载人支承臂的中部铰接。载人支承臂由多个载人伸缩臂组成。

起吊机构包括起吊转臂、起吊支承臂、吊钩和第二液压油缸。起吊支承臂的第一端铰接于起吊转臂的顶部,起吊支承臂的第二端与吊钩连接;第二液压油缸铰接于起吊转臂的底部,第二液压油缸的活塞杆与起吊支承臂的中部铰接。在上述的变电站起吊装置中,起吊支承臂由多个起吊伸缩臂组成。

支承机构为多个,分布于车体的两侧。各个所述支承机构均包括第三液压油缸和蜘蛛式支腿。蜘蛛式支腿的第一端和第三液压油缸均与车体铰接;第三液压油缸的活塞杆与蜘蛛式支腿的中部铰接。在上述的变电站起吊装置中,各个支承机构还包括支承垫,其铰接于所述蜘蛛式支腿的第二端。蜘蛛式支腿的第二端通过支承伸缩臂与支承垫可伸缩连接。

车体的两侧均设有履带。其外形图如图3.1所示。

图3.1　变电站专用吊装设备模型图

多约束多工况下的变电站专用吊装设备的第一个基本要求就是能满足工艺要求,对于工艺所要求的机器加工零件的加工质量和装配质量,达到设计图样上规定的各项技术要求,在满足工艺要求的同时,同时也要满足安全性和经济性。为了确保安全和经济,变电站专用吊装设备应满足以下基本要求。首先,结构合理,安全可靠。变电站专用吊装设备所有部件都必须具有足够的强度、刚度和稳定性,可靠的密封性和一定的耐久性。其次,设备必须有先进的技术经济指标,要考虑尽量降低设备的生产费用和操作的费用。

3.2　变电站用起吊装备的结构设计

3.2.1　起升机构设计

起升机构一般由驱动装置、钢丝绳卷绕系统、取物装置和安全保护装置等组成。驱动装置包括电动机、联轴器、制动器、减速器、卷筒等部件。钢丝绳卷绕系统包括钢丝绳、卷筒、定滑轮和动滑轮。取物装置有吊钩、吊环、抓斗、电磁吸盘、吊具、挂梁等多种型式。安全保护装置有超负荷限制器、起升高度限位器、下降深度限位器、超速保护开关等,根据实际需要配用。液压驱动的起升机构,由原动机带动液压泵,将工作油液输入执行构件(液压缸或液压马达)使机构动作,通过控制输入执行构件的液体流量实现调速。液压驱动的优点是传动比大,可以实现大范围的无级调速,结构紧凑,运转平稳,操作方便,过载保护性能好。缺点是液压传动元件的制造精度要求高,液体容易泄漏。目前液压驱动在流动式起重机上获得日益广泛的应用。液压绞车模型图与实物图如图 3.2 所示。

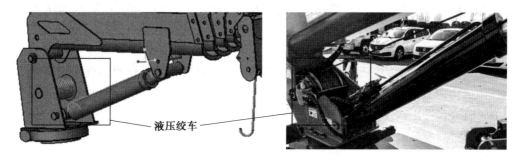

液压绞车

图 3.2　液压绞车模型图与实物图

高速液压马达旋转运动,通过减速器带动卷扬卷筒—钢丝绳—滑轮组机构变为吊钩的垂直上下直线运动。液压马达具有重量轻、体积小、容积效率高的特点。减速器可以改变液压马达的扭矩和转速。16 t 以上起重机设置有 2 套起升机构,吊大重量的称为主起升机构,吊小重量的为副起升机构。为使重物任意停止在某一位置,在起升机构中还设有制动器。

3.2.2　吊物大臂与载人小臂设计

1. 结构优化设计理论

结构优化设计通过对结构的形状、尺寸及拓扑等参数进行合理的调整,在满足结构刚度、强度、稳定性及工艺性等要求的前提下,达到目标最优,如成本最低、重量最轻、刚度最大等。优化设计主要包括建模和求解两部分。优化问题的建模是提出问题,即根据确定的目标函数,选择合适的自变量与因变量,在满足限定的约束条件条件下,建立符合工程实际情况的优化模型。通常,依据结构的几何参数、载荷特征、支承情况,考虑材料的刚度、强度及工艺性能,以满足轻量化、可靠性、稳定性等结构要求。优化问题的数学模型为

$$\text{find}: \boldsymbol{x} = \{x_1, x_2, \cdots, x_n\}^{\mathrm{T}}$$

$$\min :f_0(x)$$
$$St :f_i(x) \leqslant f_i^{\max}, \quad i=1,2,\cdots,m$$
$$x_j^{\min} \leqslant x_j \leqslant x_j^{\max}, \quad j=1,2,\cdots,n$$

式中　　x——设计变量向量；

$f_0(x)$——目标函数；

$f_i(x) \leqslant f_i^{\max}$——约束方程；

$x_j^{\min} \leqslant x_j \leqslant x_j^{\max}$——设计变量的上下限；

m、n——约束和设计变量的个数。

2. 结构优化方法

材料的有效利用是结构优化设计领域不变的话题,按照不同类型的设计变量,结构优化设计通常可划分为尺寸优化、形状优化和拓扑优化。

(1)尺寸优化。

选取结构的主要尺寸参数作为设计变量,常见的有杆件的横截形式、壳体的形状、板件的厚度或者惯性矩等。以轻量化为优化目标,考虑结构的变形和应力情况,常采用有限元计算方法。

(2)形状优化。

优化设计的变量通常是结构的几何边界,允许结构的形状在合理的范围内变化。选取连接结构内、外边界形状的参数,杆系结构的节点坐标等作为结构边界形状的关键控制参数。其难点在于按照优化的需要确定结构边界的合理描述方法,优化过程中如何对有限元网格进行调整,以及怎样进行形状灵敏度分析。

(3)拓扑优化。

基于概念设计的思想,以材料的分布形式为优化的对象,在均匀分布材料的空间中寻找到最佳的分布方案,从而获得机构最佳的刚度形式和结构最佳的传力形式。由于其允许修改结构的原始布局,因此一般应用于结构设计的初始阶段。拓扑优化可分为连续体拓扑优化和离散体拓扑优化。对于钢架、桁架以及网架等离散的杆系结构,要确定其结构节点之间杆件连接状态;至于连续的变量,在满足约束的前提下,寻求材料在设计区间内最优的分布状态。现阶段,连续体结构拓扑优化常用的四种方法有:人工密度法(Solid Isotropic Material with Penalization,SIMP)、均匀化法(Homogenization Method)、渐进结构优化法(Evolutionary Structural Optimization,ESO)以及水平集方法(Level Set Method)等。连续体结构拓扑优化可同时对尺寸、形状和拓扑进行优化。常用在多约束条件下结构的强度、刚度、动力特性等优化设计、制定材料性能设计、柔性机构设计或材料–结构一体化设计等。现在,连续体结构拓扑优化的研究已比较成熟,其中的人工密度法已经被应用到了商用软件中。

3.2.3　回转机构设计

起重机回转机构不仅惯性负载大,而且回转运动占整机循环时间的比例也很大。例如液压挖掘机回转动作占整个循环时间的 50% ~70%,能量消耗也较大,有的可占整机消耗的 25% ~40%。在液压系统中,由于回转机构频繁起动和制动,其发热量很大,有时占整机发热量的 30% ~40%。对于履带起重机的回转机构,虽然不经常使用,但是其转动惯量大,运动冲击也较大,设计不合理将引起较大的振动。所以,根据主机的工况要求,合理设计回转机构,对提高机器作业效率,改善整机性能,减少发热量具有十分重要的意义。

回转支承机构包括第一回转机构、回转平台、第二回转机构和第三回转机构。其中回转平台通过第一回转机构转动安装于车体上;载人机构通过第二回转机构转动安装于回转平台上;起吊机构通过第三回转机构转动安装于回转平台上;第一回转机构包括驱动组件、支承底盘和从动齿轮;支承底盘与车体固定连接;从动齿轮与回转平台固定连接;从动齿轮转动套接于支承底盘的中心杆上;驱动组件设有与从动齿轮啮合传动连接的主动齿轮;第二回转机构和第三回转机构均包括电机、螺旋轴和啮合齿轮;啮合齿轮通过中心轴转动设置于回转平台上。履带起重机回转结构简图如图3.3所示。

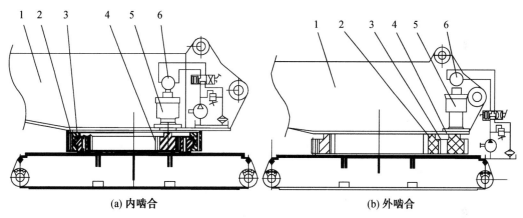

(a) 内啮合   (b) 外啮合

图 3.3 履带起重机回转结构简图

1—转台;2—回转支承内圈;3—回转支承外圈;4—小齿轮;5—回转减速机;6—回转液压马达

1. 回转阻力矩计算

回转机构最不利工况是回转和同时起升作业并起吊最大起重量。

(1)垂直载荷 F_{hui} 与倾翻力矩 M_{hui} 为

$$F_{hui} = (G_{pei} + G_{tai} + \varphi_1 G_{bi} + \varphi_2 Q) \times 9.8$$

$$M_{hui} = (G_{pei} \times X_{pei} + G_{tai} \times X_{tai} + \varphi_1 G_{bi} \times X_{bi} + \varphi_2 Q \times R) \times 9.8$$

式中 G_{pei}——配重质量,t;

        G_{tai}——转台质量(包括桅杆、后翻杆),t;

        φ_1——起升冲击系数;

        G_{bi}——基本臂质量,t;

        φ_2——起升动载系数;

        X_{pei}——配重重心位置,m;

        X_{tai}——转台重心位置,m;

        X_{bi}——臂架重心位置,m;

R——幅度，m。

（2）坡阻力矩 M_{huip} 为

$$M_{huip} = M_{hui} \times \sin A_{po}$$

式中　A_{po}——工作坡度。

（3）摩擦阻力矩为

$$F_{huim} = F_{hui}\left(1 - \frac{2\phi}{\pi}\right) + \frac{2K \times M_{hui} \times \sin \phi}{\pi D_{hui}}$$

$$M_{huim} = 0.5 f_{hui} \times F_{huim} \times D_{hui}$$

式中　ϕ——滚道水平面角度；

　　　K——回转支承系数；

　　　D_{hui}——滚道直径。

（4）惯性阻力矩为

$$J_{hui} = \left(Q \times R^2 + G_{pei} \times X_{pei}^2 + G_{tai} \times X_{tai}^2 + G_{bi} \times X_{bi}^2 \right)$$

$$E_{hui} = \frac{2\pi \times n_{hui}}{60 \times t_{huiq}}$$

$$M_{huig} = 1.5 J_{hui} \times E_{hui} \times 10^{-3}$$

式中　n_{hui}——转台回转速度；

　　　t_{huiq}——回转起动时间。

（5）正常阻力矩 $M_{huizheng}$ 为

$$M_{huizheng} = M_{hui} + M_{huip} + M_{huim}$$

（6）最大阻力矩 M_{huimax} 为

$$M_{huimax} = M_{hui} + M_{huip} + M_{huim} + M_{huig}$$

（7）作用在减速机输出轴上的扭矩 M 为

$$M = \frac{M_{huimax} \cdot z_1}{2 z_2 \cdot \eta_g}$$

式中　z_1——小齿轮齿数；

　　　z_2——回转支承齿数；

　　　η_g——开齿传动效率。

2. 回转支承计算

回转支承在使用过程中，一般要承受轴向力、径向力以及倾覆力矩的共同作用，对不同的应用场合，由于主机的工作方式及结构形式不同，上述三种荷载的作用组合情况将有所变化，有时可能是两种载荷的共同作用，有时也有可能仅仅是一个载荷的单独作用。

（1）不计风力，考虑125%实验载荷时最大工作载荷为

$$F_{sa} = (1.25 Q_0 + G_{pei} + G_{tai} + G_{bi}) \times 9\,800$$

$$M_s = (1.25 Q_0 \cdot R_{max} + G_{pei} \cdot X_{pei} + G_{tai} \cdot X_{tai} + G_{tai} \cdot X_{bi} \cdot X_{bimax}) \times 9\,800$$

（2）静态容量计算载荷为

$$F_{sa} = f_s \cdot F_{sa}$$

$$M_s = f_s \cdot M_s$$

（3）螺栓计算载荷为

$$F_{la} = F_{sa}$$
$$M_1 = M_s$$

式中　Q_0——最大幅度时的起升载荷，t；

　　　f_s——静容量工况参数；

　　　R_{max}——最大幅度，m；

　　　X_{bimax}——最大幅度时臂架重心位置，m。

3.2.4　设备底盘设计

1. 变幅机构

本设计方案中涉及两种变幅机构，包括平行四边形结构和大三角结构。底盘与工作装置对接的铰点设计兼顾平行四边形结构和大三角结构。按照通用原则设计，底盘回转平台上设计有三个安装铰接点，分别是 M、N、P 点（图 3.4）。

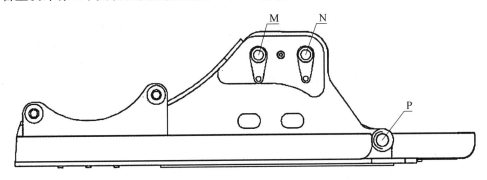

图 3.4　地盘回转平台

平行四边形变幅机构（图 3.5）主要结构件包括动臂、支承杆、变幅油缸、联结体（三角形）。其中动臂安装于上车回转平台的上铰接点 N 点，支承杆、变幅油缸安装于上车回转平台的下铰接点 P 点，通过联结体（三角形）使得变幅机构与桅杆总成、桅杆油缸连接。

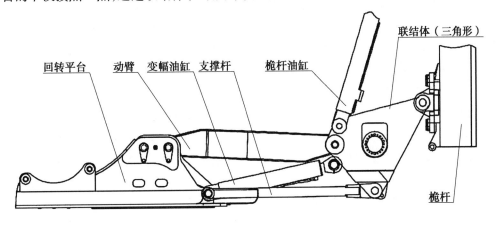

图 3.5　平行四边形变幅机构

大三角变幅机构(图3.6)主要结构件包括变幅油缸安装座、大三角、动臂、变幅油缸。其中将变幅油缸安装座的 A 点、B 点分别安装于上车回转平台的上铰接点 M、N 点,C 点用于安装变幅油缸,D 点用于安装大三角的上铰接点。

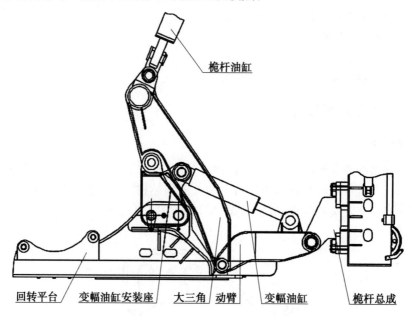

图3.6 大三角结构变幅机构

2. 履带式行走装置

履带底盘行走方式在工程机械中应用极为普遍,底盘起到支承整机的作用,并且安装行走装置使机械可以在工作场所自由行走。根据稳定性的设计要求,将可拓展履带底盘应用于其中,其部件组成有行走马达、行星减速器、驱动轮、左右履带架、履带板等。可伸缩履带架结构型式可以使整体机架的稳定性得到提高,并提高了抗扭强度。链板由于导向轮和驱动轮的自动清洁功能,能够保持清洁,同时可以在泥泞的路面上正常行走。在履带行走机构中有浮动密封结构,其可以保证导向轮、支重轮等处于一个密封的环境中,因此可以长时间不用保养。为了使履带和地面之间的压力降低,同时保证履带的强度满足要求,采用了高强度的平板履带。通过上面的措施,保证了整机具有较好的稳定性,提高了使用寿命,能够使一般的运输要求得到满足。履带式行走装置组成如图3.7所示。

3. 履带式行走装置设计

行走架的整体形式为 H 形,下部结构为了保证具有足够的稳定性,采用箱型结构;为了保证两侧具有足够的强度,使用了双支承梁的形式;为了保证整机具有足够的动力,采用了液压油缸。将滑道机构应用于行走架中,实现了良好的伸缩能力,上部的结构形式为直筒型。

(1)左右履带行走装置:通过螺栓与四轮一带连接、销轴与 H 梁连接;通过直口定位螺栓与马达减速机连接。H 形支承梁通过上车回转平台处的回转支承与上车实现连接。回转支承的内外圈分别固结在底盘和平台上,回转支承与 H 形支承梁的连接通过高强度

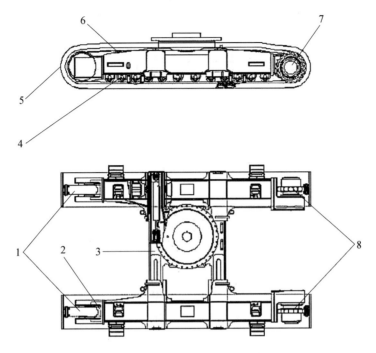

图 3.7 履带式行走装置组成

1—导向轮;2—张紧装置;3—H 形行走架;4—支重轮;5—履带;

6—托链轮;7—驱动轮;8—行走机构(液压马达、减速机)

螺栓来实现。

(2)左右履带架:为了保证左右受力的对称性,左右履带架采用了对称部件,结构形式为箱型;为了安装引导轮和张紧装置,并确保其可以有效滑动,将前端设置为滑槽式结构。中间部位安装有支重轮,主体采用箱型纵梁。后端采用的结构形式为单耳法兰盘,在法兰盘上安装液压行走驱动装置。

(3)伸缩滑动结构:为了保证左右履带架与中心架能够有效对接,将矩形嵌套引入其中,为了使中心架在液压缸中顺利滑动,在履带架部位开设了方孔为了保证固定端和履带架之间能够良好连接,将箱型法兰盘固定在履带架上,从而实现固定端的伸缩拉动。

(4)为了保证履带行走机构能够有效地展宽和缩回,将液压缸引入进来,通过液压缸的展宽进行操纵,有效地保证了整机在工作中的稳定性。当需要调整整机的宽度时,可以通过这种展缩实现,以满足宽度要求。

3.2.5 支腿机构设计

1. 活动支腿跨距

确定汽车支腿跨距(图 3.8),是设计活动支腿重要的环节,它决定着整车是否能在360°方向上旋转的吊载稳定性。起重机支腿跨距应保证伸出支腿进行吊载时整车具有合理的稳定性。确定纵向跨距、横向跨距的最合适尺寸,保证起重机在作业时,侧方与正方在吊载时具有相同的稳定性。

汽车起重机支腿布置形式是前后方向,并伸向两侧,呈矩形形状布置。

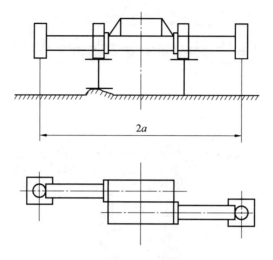

图3.8　H形支腿跨距

为满足有效幅度要求,起重机的支腿横向跨距不得超过某规定数值。但跨距过大时,虽然能保证起重机的稳定性,但是若无自动报警装置时,过大的稳定性会使起重机操纵者感受不到超载的危险性,破坏因素就会转移到其他构件上去,比如吊臂损坏等。如果跨距取得太小,为保证稳定性,必须加大配重,这样将增加整机重量。因此,选择合适的支腿横向跨距,原则上是当没有超过起重机的吊臂强度所允许的吊载量时,稳定性达到支腿刚刚要抬离地面即可。

起重机吊载时,支腿全部伸出,起重机作业区域被分为四个作业区(图3.9):即正右侧方作业区、前方作业区、正左侧方作业区和后方作业区。

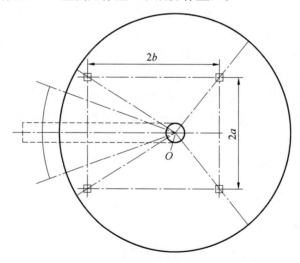

图3.9　H形支腿作业区

2. 支腿跨距的计算 (图 3.10)

$$G_3 \times (I_3 + a) + G_1 \times (I_1 + a) + G_2 \times a = G_b \times (r-a) + P_{Qer} \times (r-a)$$

$$a = \frac{P_{Qer} \times R - G_3 \times 13 - G_1 \times L_1 + G_b \times r}{G_3 + G_1 + G_2 + G_b + P_{Qer}}$$

式中　G_1——上车的质量；

　　　I_1——上车重心距回转中心的距离；

　　　G_2——底盘的质量；

　　　I_2——底盘重心距回转中心的距离；

　　　G_3——活动配重的质量；

　　　I_2——活动配重重心距回转中心的距离；

　　　G_b——吊臂(不包含吊钩)的质量；

　　　r——吊臂(不计吊钩)重心距回转重心的距离；

　　　a——支腿跨距；

　　　P_{Qer}——偏心载荷。

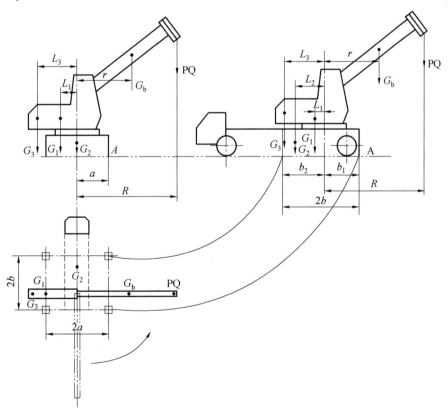

图 3.10　支腿力矩图

3.3 钢丝绳与卷筒的设计计算

3.3.1 吊装量计算

起重机起吊重物的质量值称为起重量。起重机的起重量参数通常是以额定起重量表示的。所谓额定起重量指起重机在各种工况下安全作业所容许的起吊重物的最大质量。额定起重量随着幅度的加大而减少。轮胎式和履带式起重机起重量规定包括吊钩的质量,当取物装置为抓斗或电磁吸盘时,包括抓斗和电磁吸盘的质量。轮胎式起重机的名义起重量吨级(即起重机铭牌上标定的起重量)通常是以最大额定起重量表示的。最大额定起重量指基本臂处于最小幅度时所起吊重物的最大质量。

应该引起注意的是,有些大吨级起重机,其最大额定起重量往往没有实用意义,因为幅度太小,当支腿跨距较大时,重物在支腿内侧。所以在这种情况下的最大额定起重量只是根据起重机强度确定的最大额定值,它只是标志起重机名义上的起重能力。

起重量是起重机的主要技术参数。为了适应国民经济各部门的需要,同时考虑到起重机品种发展实现标准化、系列化和通用化,国家对起重机的起重量制定了系列标准。

3.3.2 钢丝绳的力学计算

根据起升质量要求,选用单联滑轮组。由 $Q=1$ t,查表3.1得倍率 $a=2$,绳分支数 $i=a=2$。液压驱动,参考表3.2,选取增速滑轮组,选取长钩型滑轮数为2的吊钩组,自重 $G_0=82$ kg。

表 3.1 滑轮组倍率

滑轮效率		滑轮组效率					
		2	3	4	5	6	8
滚动轴承	0.98	0.99	0.98	0.97	0.96	0.95	0.93
滑动轴承	0.96	0.98	0.95	0.93	0.90	0.88	0.84

表 3.2 吊钩组系列尺寸

起重量/t	3	5	8
类型	吊钩型式	短钩型	长钩型
滑轮数	1	2	2
A	697	661	707
H	265		
H_1	135	340	360
D_1	250	350	350
l		187	207
l_1			
l_2			

续表 3.2

起重量/t	3	5	8
L	150	320	340
D	55	70	85
S	44	55	70
T	43		
自重/kg		82	90

当倍率 $a=2$ 时，滑轮组效率 $y=0.99$（滚动轴承）。

钢丝绳所受最大拉力为

$$S_{max} = \frac{Q+G_0}{a \times i \times j} \times g = \frac{1 \times 10^3 + 82}{2 \times 2 \times 0.99} \times 10 = 2\,732.32 \text{ N}$$

式中　i——滑轮组形势系数，取 2；

　　　Q——额定起重量；

　　　G_0——吊钩组重量；

　　　a——滑轮组倍率；

　　　j——滑轮组效率。

根据工作级别为 M3，由于是伸缩臂架式，按国标不小于 4，选取安全系数为 4（表 3.3）。

表 3.3　流动式起重机钢丝绳安全系数

起重机工作条件	起重机工作级别	工作钢丝绳					固定钢丝绳	
		起升		变幅与臂架收缩			工作绳 n	安装绳 n
		机构工作级别	n	机构工作级别	工作绳 n	安装绳 n		
一般	A1	M3	3.55	M2	3.35	3.05	3	2.73
经常使用	A3	M4	4	M3	3.55	3.05	3	2.73
繁忙使用	A4	M5	4.5	M3	3.55	3.05	3	2.73

钢丝绳的最小破断拉力总和为

$$S_0 = n \times S_{max} = 4 \times 2\,732.3 = 10\,929.2 \text{ N}$$

3.3.3　卷筒的尺寸与力学计算

钢丝绳直径 $d=10$，其属于流动式起重机，故选取筒绳直径比 $e=16$ mm（表 3.4）。

表 3.4　筒绳直径比

机构工作级别	e	机构工作级别	e
M1 ~ M3	14	M4	16
M5	18	M6	20
M7	22.4	M8	25

$$D \geqslant d \times (e-1) = 10 \times (16-1) = 150 \text{ mm}$$

$$D_1 \geqslant d \times h = 16 \times 10 = 160 \text{ mm}$$

式中 D——卷筒直径(槽底直径);

D_1——卷筒绕卷直径;

e——筒绳直径比;

d——钢丝绳直径。

取 $D = 200$ mm,$D_1 = D + d = 210$ mm。

卷筒长度(单联滑轮组),选取标准槽形 $t = d + (2 \sim 4) = 14$ mm,则

$$L_d = L_0 + 2L_1 + L_2 = \left(\frac{Ha}{\pi D_1} + n\right) \times t + 2L_1 + L_2 = \left(\frac{9\ 065.\ 89 \times 2}{\pi \times 210} + 2\right) \times 14 + 2 \times 30 + 42 = 514.\ 8 \text{ mm}$$

式中 L_d——卷筒总长度;

L_1——两端的边缘长度(包括凸台在内),根据卷筒结构而定;

L_2——固定钢丝绳所需的长度,一般取 $L_2 = 3t$;

L_0——绳槽部分长度;

a——滑轮组倍率;

D_0——卷筒卷绕直径,$D_0 = D + d$;

D——卷筒槽底直径;

H——起升高度;

t——绳槽节距,光面卷筒 $t = d$;

n——附加安全圈数,通常取 $n = 1.\ 5 \sim 3$ 圈。

取 $L = 600$ mm,则卷筒的壁厚为

$$\delta = 0.\ 02 \times D + (6 \sim 10) = 10 \sim 14 \text{ mm}$$

取 $\delta = 14$ mm,卷筒壁压应力验算如下。

最大压应力为

$$\sigma_1 = A_1 \times A_2 \times \frac{S_{max}}{\delta t} = 1 \times 0.\ 75 \times \frac{2\ 732.\ 3}{14 \times 14} = 10.\ 5 \text{ MPa}$$

式中 A_1——与卷筒层数有关的系数;

A_2——应力减小系数,一般取 $A_2 = 0.\ 75$;

S_{max}——钢丝绳最大拉力,N;

P——卷筒绳槽节距,mm;

δ——卷筒壁厚,mm;

p——许用压应力,MPa;

t——标准槽形,$t = d + (2 \sim 4) = 14$ mm。

对于铸铁卷筒 HT200,最小抗拉强度 200 MPa,抗压强度 750 MPa,对于铸铁 $n = 5$,有

$$[\sigma] = \frac{\sigma_b}{n} = \frac{750}{5} = 150 \text{ MPa}$$

式中,$[\sigma] > \sigma_1$,故卷筒符合强度要求。

卷筒应力验算如下。

卷筒最大弯矩发生在钢丝绳位于卷筒中间时,有

$$M_W = S_{max} \times l = 2\ 732.3 \times \frac{600-60-42}{2} = 6.8 \times 10^5\ \text{N} \cdot \text{mm}$$

抗弯截面系数为

$$W = \frac{\pi D^3}{32}\left[1-\left(\frac{D-2\delta}{D}\right)^4\right] = \frac{\pi \times 200^3}{32} \times \left[1-\left(\frac{200-2\times14}{200}\right)^4\right] = 3.56 \times 10^5\ \text{mm}^3$$

最大扭矩为

$$M_n = S_{max} \times D = 2\ 732.3 \times 200 = 5.46 \times 10^5\ \text{N} \cdot \text{mm}$$

合成应力为

$$\sigma_F = \frac{\sqrt{M_W^2 + M_n^2}}{W} = \frac{\sqrt{(6.8\times10^5)^2 + (5.46\times10^5)^2}}{3.56\times10^5} = 2.25\ \text{MPa}$$

$$[\sigma] = \frac{\sigma_b}{n} = \frac{200}{6} = 33.3\ \text{MPa}$$

式中,$[\sigma] > \sigma_F$,故卷筒符合合成应力强度要求。

3.4　变电站用起吊装备的额定载重计算

3.4.1　工作循环

起重机在有效寿命期间有一定的总工作循环数。起重机作业的工作循环是从准备起吊物品开始,到下一次起吊物品为止的整个作业过程。

工作循环总数表征起重机的利用程度,它是起重机分级的基本参数之一。

对于某些作业规范划一的起重机(如抓斗起重机),工作循环总数可以从已知的总工作小时数和每小时工作循环数获得。对于要完成多种不同任务的流动式起重机,只能根据经验估出适当的数值。工作循环总数是起重机在规定使用寿命期间所有工作循环次数的总和。

确定适当的使用寿命时,要考虑经济、技术和环境因素,同时也要计及设备老化的影响。工作循环总数与起重机的使用频率有关。为了方便起见,工作循环总数在其可能范围内,分成 10 个利用等级,如表 3.5 所示。

表 3.5　起重机的利用等级

利用等级	工作循环总数	备注
U0	1.6×10^4	不经常使用
U1	3.2×10^4	不经常使用
U2	6.3×10^4	不经常使用
U3	12.5×10^5	不经常使用
U4	2.5×10^5	经常轻负荷使用
U5	5×10^5	经常断续使用

续表 3.5

利用等级	工作循环总数	备注
U6	1×10^6	不经常繁忙使用
U7	2×10^6	繁忙使用
U8	4×10^6	繁忙使用
U9	$>4\times10^6$	繁忙使用

工作循环总数除根据实际经验估算外,也可按下式计算得出

$$N=\frac{3\,600YDH}{T}=\frac{3\,600\times10\times100\times2}{420}=1.7\times10^4$$

式中 N——工作循环总数;

      Y——起重机的使用寿命,以年计算,与起重机的类型、用途及环境、技术和经济因素等有关。表3.6是摘自国外标准的几种不同类型起重机的使用寿命,可供参考;

      D——起重机一年中的工作天数;

      H——起重机每天工作小时数;

      T——起重机一个工作循环的时间,s。

表 3.6   几种不同类型起重机的使用寿命

起重机类型			使用寿命/年
汽车起重机(通用汽车底盘)			10
轮胎起重机和汽车起重机(专用底盘)	起重量/t	小于16	11
		16~40	12
		>40~100	13
		大于100	16
塔式起重机		小于10	10
		等于和大于10	16
桥式和门式起重机	工作级别	A1,A2	30
		A3,A4,A5	25
		A6,A7	20
履带起重机			10
门座和铁路起重机			25

3.4.2 常规载荷

1. 自重载荷

自重载荷是指起重机金属结构、机构、动力或电气设备,以及装在起重机上的料仓、连

续输送机及相应的物料等质量的重力(起升质量的重力除外)。在起重机设计计算的初始阶段,自重载荷尚属未知,必须预先估出。最常用的估算方法是参考相近或相似的现有起重机,或利用统计经验公式和图表进行初估,最后加以校核修正。

自重载荷的作用方式视计算类型和结构特点而定。起重机总体计算时,将自重载荷视为通过各个部件重心的集中力。考虑物品起吊离地或下降制动时对起重机金属结构的振动影响,必须对起重机质量(自重)产生的重力,乘以系数 ϕ_1。

$$\phi_1 = 1 \pm \partial = 1 \pm 0.1 = 1.1$$

式中　ϕ_1——起升冲击系数;

　　　∂——起升冲击系数中的参数,一般取值为 $0 \sim 0.1$。

在计算起重机金属结构及其支承时,必须考虑起升冲击系数。为了反映振动脉冲影响的上下限,一般都给出 ϕ_1 的两个值,即

$$P_G = \phi_1 \times G = 1.1 \times 5\,000 \times 10 = 55\,000 \text{ N}$$

式中　P_G——自重载;

　　　G——自身重力。

2. 起升载荷

起升载荷是指起升质量的重力。起升质量包括允许起升的最大物品、取物装置(下滑轮组、吊钩、吊梁、抓斗、容器、起重电磁铁等)以及悬挂挠性件和其他随同升降的设备质量。起升高度小于 50 m 时,起升钢丝绳的质量可以不计。起升载荷动载系数 φ_2 是物品突然离地起升或下降制动时,对承载结构和传动机构所产生附加的动载作用。

这一动载作用可通过将起升载荷乘以大于 1 的起升载荷动载系数 φ_2 考虑。系数 φ_2 的取值方法如下

$$\varphi_2 = \varphi_{2max}, v \leq 0.2 \text{ m/s}$$

$$\varphi_2 = \varphi_{2min} + \beta_2, v > 0.2 \text{ m/s}$$

式中　v——稳定起升速度(m/s),与起升吊具有关,由空载电动机或发动机的稳定转速导出;

　　　β_2——起升状态级别系数;

　　　φ_2——起升载荷最小动载系数,与起升状态级别有关。

根据起重机械的动力特性,起重机的起升状态分为 HC1 ~ HC4 四种级别(表3.7),常用起重起升状态见表3.8。

根据选取的 β_2 和 φ_2 值,得到起升载荷的值为

$$P_1 = (G+Q)g\varphi_2 = (1\,000 + 82) \times 10 \times 1.9 = 20\,558 \text{ N}$$

式中　G——额定起重量;

　　　Q——吊具质量;

　　　g——重力加速度;

　　　P——起升载荷。

表 3.7 不同起重机的起升状态

起重机类型	起升状态级别
手动起重机	HC1
电站用起重机	HC2、HC3
安装用起重机	HC2、HC3
车间用起重机	HC2、HC3
吊钩卸船机	HC3
抓斗卸船机	HC3、HC4
料场吊钩起重机	HC3
料场抓斗(或电磁铁)起重机	HC3、HC4
铸造起重机	HC3、HC4
平炉加料起重机	HC3、HC4
铸锭加料起重机	HC3、HC4
均热炉加料起重机	HC3、HC4
脱锭起重机	HC4
锻造起重机	HC4

表 3.8 不同起升状态下的 β_2 和 φ_2 值

起升状态级别	β_2	φ_2	
		φ_{2min}	φ_{2max}
HC1	0.2	1	1.3
HC2	0.4	1.05	1.6
HC3	0.6	1.1	1.9
HC4	0.8	1.15	2.2

3. 在不平路面运行产生的冲击载荷

起重机或起重小车运行时由于路面凸凹不平、轨道接头间隙或高低错位,会使运动的质量在铅垂方向产生冲击作用。因此,应将自重载荷和起升载荷乘以大于1的运行冲击系数 φ_4 以考虑这种垂向冲击作用。无轨运行的冲击系数与路面情况、行驶速度、车架的悬挂方式等有关。φ_4 值的变动范围很大。参照载货卡车数据,在具有弹簧悬挂、车速为 20 ~ 50 km/h 时,可取 φ_4 =1.5(水泥或沥青路面)或2(碎石路面)。对于车架与车桥刚性连接的某些轮胎起重机,以额定速度在一般路面行驶时,φ_4 可达 2 ~ 3。对履带式起重机,当 v<0.4 m/s 时,φ_4 =1.0;当运行速度 v>0.4 时,φ_4 =1.3。

$$P_2 = (P_G + P_1) \times \varphi_4 = 1.1 \times (20\,558 + 55\,000) = 83\,113.8 \text{ N}$$

式中 φ_4——运行冲击系数;

P_G——自重载荷；

P_1——起升载荷。

4. 机构起动(制动)产生的水平惯性载荷

a 为起动(制动)加速度，参考值见表3.9。

表3.9　起动(制动)加速度参考值

运行速度 /(m·s⁻¹)	行程长的中、低速起重机		常用的中、高速起重机		加速度大的高速起重机	
	加(减)速时间/s	加(减)速度 /(m·s⁻²)	加(减)速时间/s	加(减)速度 /(m·s⁻²)	加(减)速时间/s	加(减)速度 /(m·s⁻²)
4.00			8.0	0.50	6.0	0.67
3.15			7.1	0.44	5.4	0.58
2.50			6.3	0.39	4.8	0.52
2.00	9.1	0.22	5.6	0.35	4.2	0.17
1.60	8.3	0.19	5.0	0.32	3.7	0.43
1.00	6.6	0.15	4.0	0.25	3.0	0.33
0.63	5.2	0.12	3.2	0.19		
0.40	4.1	0.098	2.5	0.16		
0.25	3.2	0.078				
0.16	2.5	0.064				

起重机或小车运行机构起动或制动时，起重机或小车的自身质量以及起升质量产生的水平惯性力 P_3 为

$$P_3 = \varphi_5 ma = 1.5 \times 5\,000 \times 0.1 = 750 \text{ N}$$

式中　m——运行部分的质量；

φ_5——系数，考虑起重机构驱动力(制动力)突加及突变时结构的动力效应，$1 < \varphi_5 < 2$，平均取1.5。

3.4.3　偶然载荷

工作状态风载荷是指起重机在工作时应能承受的最大风力，工作风压的选取，工作状态风压沿起重机全高取为定值，不考虑高度变化。

为使工作风速不超过极限值而采用风速测量装置时，通常将它安装在起重机的最高处。

工作状态计算风压分为 P_1 和 P_2。P_1 是起重机工作状态正常的计算风压，用于选择电机功率的阻力计算及发热验算。P_2 是起重机工作状态最大计算风压，用于计算零部件和验算金属结构强度、结构刚性及稳定性，验算驱动装置的过载能力及起重机整体的抗倾覆稳定性、抗风防滑安全性等。起重机工作状态计算风压和计算风速见表3.10。

表 3.10　起重机工作状态计算风压和计算风速

地区	工作状态计算风压			非工作状态计算风压
	风速/(m·s⁻¹)	q_1	q_2	q_2
内陆	15.5		150	500~600
沿海	20	$0.6q_1$	250	600~1 000
台湾地区及南海诸岛	20		250	1 500

1.作用在起重机上的工作状态风载荷

$$P_{W1} = CP_1A = 90 \times 5 \times 1.1 = 495 \text{ N}$$

$$P_{W2} = CP_2A = 150 \times 5 \times 1.1 = 825 \text{ N}$$

式中　P_{W1}——作用在起重机上的工作状态正常风载荷;

　　　P_{W2}——作用在起重机上的工作状态最大风载荷;

　　　P_1、P_2——工作状态计算风压;

　　　C——风力系数,参考值如表 3.11 所示;

　　　A——起重机构件垂直于风向的实体迎风面积,参考值如表 3.12 所示。

表 3.11　单片结构的风力系数

结构型式			C
型钢制成的平面绗架(充实率 0.3~0.8)			1.6
型钢、钢板、型钢梁、钢板梁和箱形截面构件	l/h	5	1.3
		10	1.4
		20	1.6
		30	1.7
		40	1.8
		50	1.9
圆管及管结构	qd^2	<1	1.3
		<3	1.2
		7	1.0
		10	0.9
		>13	0.7
封闭的司机室、机器房、对重、钢丝绳及物品等			1.1~1.2

注:h 为构件长度;q 为计算风压;d 为管子外径。

2.作用在起重机吊运物体上的风载荷

$$P_{Q1} = 1.2P_1A = 90 \times 5 \times 1.2 = 540 \text{ N}$$

$$P_{Q2} = 1.2P_2A = 150 \times 5 \times 1.2 = 900 \text{ N}$$

式中　P_{Q1}——作用在起重机吊运物体上的风载荷;

　　　P_{Q2}——作用在起重机吊运物体上的最大风载荷;

　　　P_1 和 P_2——工作状态计算风压。

风力系数用以考虑结构物迎风面的风压分布和背风面负压的影响,它与结构物的体型、尺寸等有关,单片结构的风力系数见表 3.11。

"压差阻力"的产生是由于运动着的物体前后所形成的压强差所形成的。压强差所产生的阻力就是"压差阻力"。压差阻力同物体的迎风面积、形状和在气流中的位置都有很大的关系。

用刀把一个物体从当中剖开,正对着迎风吹来的气流的那块面积就叫作"迎风面积"。如果这块面积是从物体最粗的地方剖开的,这就是最大迎风面积。从经验和实验都不难证明:形状相同的物体的最大迎风面积越大,压差阻力也就越大。

不同物品质量的迎风面积的值是不同的,如表 3.12 所示是不同物品质量的迎风面积的估算值。

表 3.12　物体迎风面积的估算值

物品质量/t	1	2	3	5 6.3	8	10
迎风面积/m²	1	2	3	5	6	7
物品质量/t	12.5	15 16	20	25	30 32	40
迎风面积/m²	8	10	12	15	18	22
物品质量/t	50	63	75 80	100	125	150 160
迎风面积/m²	25	28	30	35	40	45
物品质量/t	200	250	280	300 320	400	
迎风面积/m²	55	65	70	75	80	

3.4.4　稳定性计算

将设备的几种典型工况分为六种,这六种工况下设备最有可能倾翻。分析在这几种典型工况状态下的重心位置,并进行抗倾覆计算,以此来确定设备是否存在倾覆危险。

将参考坐标系原点设定在如图 3.11 红色小点所示位置,坐标系方向如图 3.12 所示。

以本设备吊物大臂为对象。查《起重机设计规范》(GB/T 3811—2008)可知,当满足以下公式时,不会倾翻

$$K_1 MG - K_2 MQ - K_3 MW \geqslant 0$$

式中　K_1——自重加权系数,取 1;

　　　K_2——起升载荷加权系数,取 1.5;

K_3——风动载荷加权系数,取 1;

G——设备自重,取 5 t;

Q——吊起重物质量,此公式为单吊臂起重机,故将载人臂与设计载人质量换算为 0.5 t 的重物质量,取 1.5 t;

W——风动载荷,按起吊重物的 20% 计;

M——重心到支腿距离。

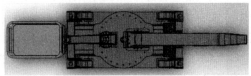

图 3.11　标准坐标系原点

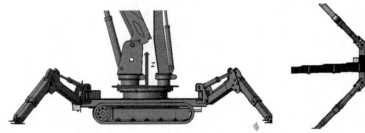
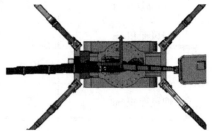

图 3.12　标准坐标系

1. 典型工况一

如图 3.13 所示,当设备在此状态下,经过分析计算得此状态下的重心偏移如表 3.13 和图 3.14 所示,其中,红色点为标准原点,绿色点为偏移重心。

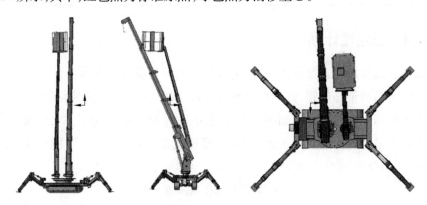

图 3.13　典型工况一

表 3.13　两吊臂同侧重心偏移距离

方向	偏移/mm
x	390
y	325
z	1 430

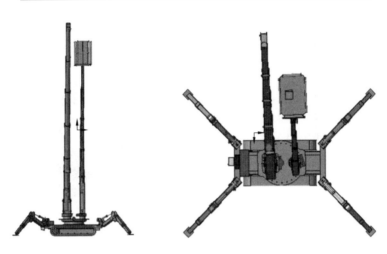

图 3.14　两吊臂同侧重心偏移

此工况下重心至支腿距离为 1.4 m,按公式计算得

$$K_1MG - K_2MQ - K_3MW = 1 \times 1.4 \times 5\ 000 - 1.5 \times 1.4 \times 1\ 500 - 1 \times 1.4 \times 1\ 000 = 2\ 450 \geqslant 0$$

参考重心偏移距离与此结果,所以此工况下不会倾翻。

2. 典型工况二

如图 3.15 所示,当设备在此状态下,经过分析计算得此状态下的重心偏移如表 3.14 和图 3.16 所示,其中,红色点为标准原点,绿色点为偏移重心。

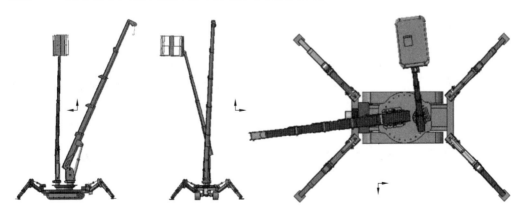

图 3.15　典型工况二

表 3.14　典型工况二重心偏移距离

方向	偏移/mm
x	390
y	323
z	1 430

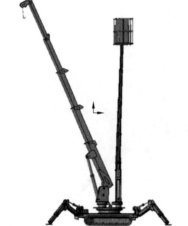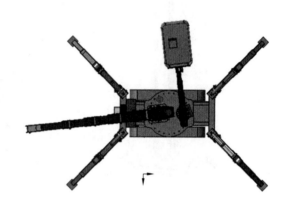

图 3.16　典型工况二重心偏移

此工况下重心至支腿距离为 1.41 m，按公式计算得

$$K_1 MG - K_2 MQ - K_3 MW = 1 \times 1.41 \times 5\,000 - 1.5 \times 1.41 \times 1\,500 - 1 \times 1.41 \times 1\,000 = 2\,467.5 \geqslant 0$$

参考重心偏移距离与此结果，所以此工况下不会倾翻。

3. 典型工况三

如图 3.17 所示为设备在极限状态下两吊臂成 180°的示意图。

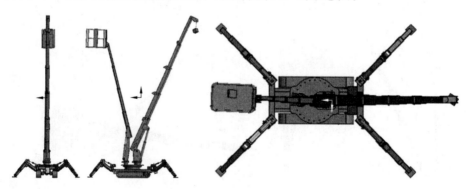

图 3.17　典型工况三

经过分析计算得此状态下的重心偏移如表 3.15 和图 3.18 所示，其中，红色点为标准原点，绿色点为偏移重心。

表 3.15　典型工况三重心偏移距离

方向	偏移/mm
x	1.8
y	688
z	1 430

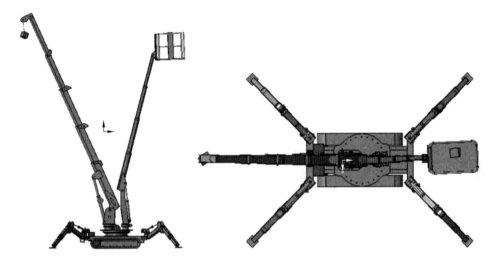

图 3.18　典型工况三重心位置

此工况下重心至支腿距离为 1.75 m,按公式计算得

$$K_1MG-K_2MQ-K_3MW=1\times1.75\times5\ 000-1.5\times1.75\times1\ 500-1\times1.75\times1\ 000=3\ 062.5\geqslant0$$

参考重心偏移距离与此结果,所以此工况下不会倾翻。

4. 典型工况四

如图 3.19 所示,当设备在此状态下,经过分析计算得此状态下的重心偏移如表 3.16 和图 3.20 所示,其中,红色点为标准原点,绿色点为偏移重心。

表 3.16　典型工况四重心偏移距离

方向	偏移/mm
x	963
y	367
z	596

此工况下重心至支腿距离为 0.79 m,按公式计算得

$$K_1MG-K_2MQ-K_3MW=1\times0.79\times5\ 000-1.5\times0.79\times1\ 500-1\times0.79\times1\ 000=1\ 382.5\geqslant0$$

参考重心偏移距离与此结果,所以此工况下不会倾翻。

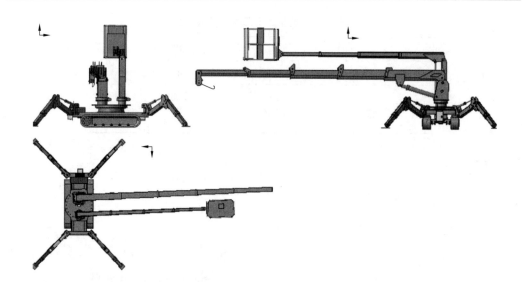

图 3.19　典型工况四

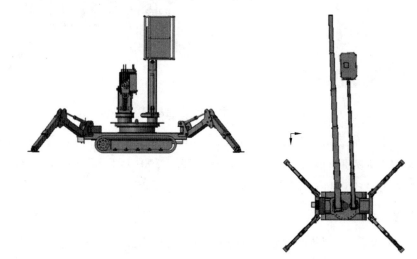

图 3.20　典型工况四重心偏移

5. 典型工况五

如图 3.21 所示,当设备在此状态下,经过分析计算得此状态下的重心偏移如表 3.17
和图 3.22 所示,其中,红色点为标准原点,绿色点为偏移重心。

表 3.17　典型工况五重心偏移距离

方向	偏移/mm
x	−46
y	1 258
z	596

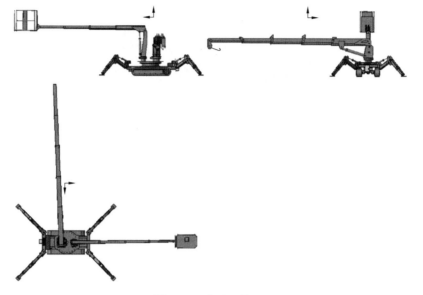

图 3.21　典型工况五

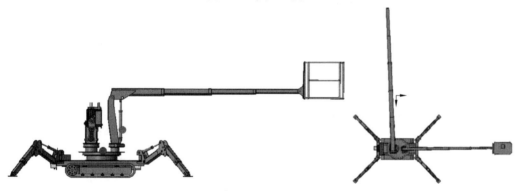

图 3.22　典型工况五重心偏移距离

此工况下重心至支腿距离为 1.8 m,按公式计算得

$$K_1MG - K_2MQ - K_3MW = 1 \times 1.8 \times 5\,000 - 1.5 \times 1.8 \times 1\,500 - 1 \times 1.8 \times 1\,000 = 3\,150 \geqslant 0$$

参考重心偏移距离与此结果,所以此工况下不会倾翻。

6. 典型工况六

如图 3.23 所示,当设备在此状态下,经过分析计算得此状态下的重心偏移如表 3.18 和图 3.24 所示,其中,红色点为标准原点,绿色点为偏移重心。

表 3.18　典型工况六重心偏移距离

方向	偏移/mm
x	−195
y	380
z	−1 690

图 3.23　典型工况六

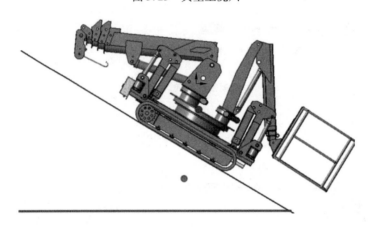

图 3.24　典型工况六重心偏移距离

此工况下重心至支腿距离为 0.8 m,按公式计算得

$$K_1MG-K_2MQ-K_3MW=1\times0.8\times5\,000-1.5\times0.8\times1\,500-1\times0.8\times1\,000=1\,400\geqslant0$$

参考重心偏移距离与此结果,所以此工况下不会倾翻。

以上六种工况包含装备极限状态,在以上工况下都没有倾覆的危险,即装备状态处于极限状态的中间状态时,也没有倾覆危险。

综上所述,本设备符合稳定性要求,不会发生倾覆危险。

3.5　本章小结

针对以上要求,本章以变电站吊装设备的机构选型说明书为基础,对变电站的外形尺寸进行了设计;同时针对变电站环境的狭小,对吊装设备进行了各机构的位置布置;利用机械设计相关知识计算了相关参数的大小;最后应用力学原理对变电站吊装设备起吊绳的拉力、所受载荷进行了详细且系统的力学分析。详细情况如下所示。

(1)本方案采用了一种吊装机构与载人机构集成的设计,具备协同作业、安全高效的功能特性,还具备结构紧凑、占用空间小的结构特点,能够实现大范围、快响应的灵活动态调整作业。在此基础上,针对该装置要求运输轻巧方便、吊装灵活高效和降低狭小空间施工作业带来的安全风险的特点,对吊装设备底盘、支腿、吊物大臂、载人小臂和起升机构进行外观尺寸设计。

(2)针对本吊装设备主要是在多约束多工况的条件下进行工作,考虑到作业空间狭窄、路面因素甚至是天气影响,对吊装设备各部件进行位置布置。

(3)针对布置好的机构部件,根据各构件的尺寸以及机械设计相关公式要求,计算了起升高度、幅度、支腿跨度和工作速度等要求。

(4)本方案对吊装设备所受载荷进行了细致的力学分析研究,推导出吊装设备受到的一些常规载荷和偶然载荷,结合外形尺寸和相关具体计算参数,计算该起升绳的最大拉力。最后,针对各种工况对机构的抗倾覆性做了集体计算。

第4章　变电站用起吊装备的运动学分析

4.1　概　　述

在模块化设计各部分零件时,各零件的强度和刚度性能是否满足要求是重中之重,设计满足正常运行的同时又应尽量优化设计的结构和减少材料的不必要的浪费,以此节省空间,减轻结构负载,从而降低能耗,起升吊装设备的作业能力。在设计初始大都为根据经验进行模型建立和分析,容易造成零件强度、刚度的过大或者过小,过大的尺寸会使整个机构看起来笨重与复杂,整体设计显得不合理;过小的尺寸会造成作业的过程中损坏甚至报废等问题。吊物大臂、载人小臂、支腿、支架以及大转盘和大小臂回转机构作为新型吊装设备的重要部件,保证其强度和刚度是设备稳定正常工作最基本的要求。

4.1.1　吊装机械动力学的研究方向

起重机械的作用载荷主要包括以下几部分。静载荷是指稳定工作工况下起重机承受的力。除此以外,起重机在起(制)动、平移运行等过程中,由于它本身的质量在加减速状态下会产生惯性力。如门机的回转运动将出现结构的离心惯性力,也就是惯性动载荷。尤其在起重机的起(制)动工况下,如果加(减)速度很高,则其惯性载荷也会很大。真实情况下,起重机械的每部分结构也不是非常理想的刚体,比如结构部分和传动部分均是弹性结构,运行时就必然产生振动。机械系统振动方式与其外载荷的作用有着紧密关系。究其实质而言,金属结构的振动便是受外载荷施加的响应。而激励有初始激励和强迫激励两类。强迫激励包含随机性、瞬时性以及周期性激励几种类型。起重机动力学课题的重要目的就是对起重机械的起(制)动及其运行工况骤然变化时的整机振动周期运行特性进行探究,依此计算起重机械的动载特性,并确保整机在全寿命周期中稳定、有效、安全地运行。经过几十年的发展,振动力学体系逐步建立,有限元分析法逐渐完善以及计算机辅助技术快速进步,这对起重机动力学的分析与探究都起到很大的促进作用。起重机械动力学的探究领域首要是以下三部分。

(1)对结构强度失效的研究。起重机发生振动时,其最大载荷值必然增大,这考验起重机的结构强度。通过研究,在设计规范中利用动载系数对静载荷进行合理的放大,从而考虑机械振动对动载荷的影响。

(2)对结构疲劳的研究。经研究发现,振动载荷的反复作用会使起重机的一些部位(以焊缝为主)产生裂纹,从而致使起重机金属结构的低应力疲劳失效。针对这些疲劳问题,国内外研究人员做了许多的科研工作,概率设计法就是其成果。

（3）对振动控制的研究。系统振动影响很大,如整机系统的使用寿命、驾驶人员生产效率及其人身安全等。所以,对机械系统的振动控制已成为起重机动力学所关注的重要领域。为了突破这一课题,相关起重机科研人员就人机工程学部分做了很多探索。

4.1.2　吊装机械动力学的研究方法与策略

起重机械动力学经过几十年发展,其主要研究理论与策略主要有以下几个分支。

1. 动载系数法

现在起重机械的计算主要建立在强度理论的基础上,动载系数法便是基于机械振动理论对系统强度的作用。基于动载系数理论研究起重机动力学已经持续较长时间,即怎么样选取动载系数才能更贴近起重机械金属结构的真实工作情况,并对起重机械设计规范提出更加科学、严谨的动载系数选值理论。动载系数法本质上就是在起吊重量和起重机自身重量前加乘一个 ≥1 的数值用于体现不同工况下动载作用的范围值,把动载荷换算成计算载荷。动载系数如何选择是依据起重机械真实力学模型的研究、试验结果和积累的经验等。根据多年的试验结果、理论分析和科学计算等科研成果,针对起重机在不同的工况下动载荷对其金属结构和各个机构的实际影响,提出了八组动载系数:起升冲击系数 、起升动载系数 、突然卸载冲击系数、运行冲击系数、弹性（振动）动载系数、载荷试验起升动载系数、碰撞弹性效应系数、刚性动载系数[①]。在进行起重机的金属结构计算时,前 5 个动载系数是最常用的。因此,起重机动力学主要针对这 5 个动态响应进行研究和探索。起重机的种类和用途非常的宽泛,而《起重机设计规范》有关动载系数的取值依据其实不可能对全部种类起重机都适用。因此,对于不同机型、不同工况、不同驱动方式下的动载系数谱值的计算及其取值方法的研究具有非常重要的理论价值和社会意义。

2. 少自由度动力学建模法

动载系数理论还存在着不足,仍需进一步的研究与完善。针对具体的起重机系统、具体的工况仍需使用可靠的动力学研究方法进行分析。可以起重机的构成特征和承载状况为基础建成的少自由度动力学模型,再经过辅助计算机软件对特定起重机整机以及承载状况进行动载数值分析,从而进行起重机的设计计算。该分析理论较动载系数法更贴近起重机的实用工况,也可以更加方便地解决这些问题。这种基于少自由度数学模型然后进行数值分析的策略也有其限制性。因为,它解析的是多自由度、多刚体的振动微分方程式,故解析较为繁杂。另外,这种方法在计算时需要根据起重机械的实际模型做出科学处理,以利于计算。而且该理论的求解目标不具有广泛性,也就是说其结果不具有一般代表性。综上所述,该方法在实际中的应用难度很大。

---

① 　《起重机设计规范》（GB/T 3811—1983）中对该系数有规定,而《起重机设计规范》（GB/T 3811—2008）中已没有该系数的定义,但基于刚体模型进行刚体动力矩载荷计算过程发现,该系数基于变频工况的起重机工作机构动力学分析与研究仍然存在。

3.有限元分析法(有限元分析理论)

一般来讲,有限元分析法便是把起重机械的整机按照有限元原理分成若干个多自由度模型实行数值求解和动力学分析。早期的有限元分析需要自己完成有限元模型对象的建立,而后对其进行数值计算,并编写程序求解。这并非是现在的有限元动力学解析,而是就少自由度动力学模型基于有限元思维的解析。虽然较早的有限元分析法具有一定的限制性,但也对起重机械有限元动力学分析奠定了理论根基。由于辅助计算机手段的逐步完善,有限元分析法对起重机动力学分析中的应用的重要性日益突出。

4.基于虚拟样机的动力学仿真

伴随科学技术的进步,辅助计算机技术已能求解更加复杂的起重机械动力学问题。应用于起重机动力学分析的动态仿真技术已成为一大发展趋势。起重机械的结构、工况十分复杂,其运行时的影响因素(如风、雪、冰、温度变化、地震等)很多,所以其运动特性和载荷不可能仅用一个简单的数学模型来代替。若要使起重机动力学基本理论贴近实际工况并充分反映出起重机械的实际运行动力学特性,必须全面分析动载荷随时间轴运动的全流程,也就是说需确立交变质量的、交变阻尼的、交变刚度的整体动力学微分方程,还需要考虑其他结构和零部件等对起重机系统振动的影响。虚拟样机科学有助于科研人员就所述繁杂的工况进行更加准确、科学的系统模拟分析。

4.1.3 吊装机械动力学的相关问题

起重机械的使用要求和工作过程决定了其特殊的工作特点——间歇动作、变化载荷、频繁正逆、动载交替、短时重复、周期循环。也就是说,起重机在作业过程中会进行频繁的起(制)动以满足实际工况的需要。在起重机械频繁的起(制)动过程中,驱动机构也处于频繁的加速(减速)过程中,这将使机械系统产生强烈的冲击和振动而引起动载荷。讨论起重机械系统在起动、制动和运行工况发生突变的弹性振动性能,依此研究整机的动态性能,也就是确立起重机械的关键部件在振动历程中其动载荷、位移等与时间的变动规律,从而确定这些部件的速率、加速度与时间的变动特性,进而就起重机械的动力响应做出分析。起重机动力学课题的研究非常复杂。因为起重机频繁起(制)动,此时机械内部便会产生速率以及加速度,这是时间函数,系统便会产生静阻载荷以及惯性载荷。我们在研究起重机的动力学问题时,运用微分方程来表述这种复杂的时间关系。因此,动力响应的解就是对微分方程进行求解。对于工作有着短时重复、周期循环特点的起重机械,起(制)动时传动系统受电动机的驱动扭矩和制动器制动力矩的激励,其工作状态会发生激变。所以起重机械发生冲击以及振动的根源就是外部激励的作用。瞬态激励的作用特点是:

(1)其产生的振动响应随时间的衰减很快。

(2)很短的时间内产生的动态响应具有非常高的峰值。而这种峰值,也就是最大载荷值是作为机械设计强度计算确定计算载荷的根据。

另外,从人机工程学的角度来考虑,这种激振工况的出现对操作人员的身体健康有着很大的危害。所以,研究瞬态响应对起重机产生激振有着重大的实践作用。

4.1.4　国内外研究现状

早在 20 世纪 60 年代,国外学者就开始对多刚体动力学进行了研究。多刚体系统动力学属于经典力学的研究范畴,理论上采用的是 Newton-Euler 法和 Lagrange 法。在起重机多体系统动力学研究中,最先开始研究的是多刚体系统动力学。对于多刚体系,Sun Guangfu 等利用拉格朗日方程和多体理论,建立了起重机变幅运动的柔性模型,利用虚功原理推导了广义圆柱驱动力公式,将臂架结构、液压执行器和变幅角位置控制系统耦合,建立了系统的整体方程。随后 Raftoyiannis IG 等提出一种适用于伸缩式起重机臂架的动力学分析模型,通过模态叠加方法研究出各种伸缩臂起重机的动态响应。Trabka A 研究了伸缩臂起重机计算模型的十种变体,通过有限元法进行建模和数值模拟,并分析模拟结果与试验结果的相容性,最后正确模拟起重机真实结构的动态特性。Likins 以弹性的卫星附件为研究对象,最早研究了多柔体簇系统的动力学问题,为之后该领域的研究奠定了基础。Meirovitch 采用了混合坐标法缩减系统的自由度,同时考虑柔性体之间的耦合情况,使多柔体动力学方程的求解成为可能。Rismantab-Sany 以柔性梁的轴向碰撞为例,很好地将动量平衡法应用在多柔体系统中,为以后学者开展柔性体碰撞动力学研究打下基础。Khulief,Changizi 和 Yigit 等人将动量平衡原理应用在多柔体碰撞卫星附件的刚柔耦合动力学模型,为之后该领域的研究奠定了基础。Modi 和 Kane 等人在弹性的卫星附件多柔体动力学方面也做了大量的研究,基于 Euler-Bernoulli 梁理论和刚柔耦合建模方法,建立了卫星附件的刚柔耦合动力学模型,为之后该领域的研究奠定了基础。

国内学者在起重机多柔体系统动力学方面也取得很多研究成果。西北工业大学隋立起等利用多体系统传递矩阵法建立了汽车起重机的刚柔耦合多体系统动力学模型,计算了该多体系统的冲击响应及柔性梁的冲击应力分布规律。孙光复等基于柔性多体动力学理论,构建了起重机的多体动力学模型,并对起重机的回转工况进行了计算机仿真研究,得到了吊臂的动态响应。大连理工大学王殿龙等结合多体系统动力学理论,利用 Matlab 编写了全地面起重机动力学仿真平台,对其结构进行分析得出臂头的位移曲线。仲作阳等基于 Modelica 语言的 MWorks 平台,建立了机械、液压、控制等多领域耦合的汽车起重机动力学模型,对带载回转一周的工作过程进行动态仿真,分析其支腿系统的稳定性,并在模型中建立了卸载保护制系统,实现了预防系统翻车功能。西北工业大学郑钰琪等,将汽车起重机处理为由多个刚体、集中质量、弹性梁、扭簧以及弹簧按一定方式铰接而成的刚柔耦合多体系统,建立了汽车起重机的动力学模型,用多体系统传递矩阵法计算了其振动固有频率及对应的主振型。李文华等通过 ADAMS 与 Matlab/Simulink 对门座起重机变幅系统进行联合仿真,得出了在额定负载下变幅系统工作过程中的动态特性曲线,为门座起重机机电一体化系统的优化设计与参数匹配提供了参考。燕山大学吴晓明等描述了液压凿岩机钻臂变幅机构的几何模型和液压驱动方式,建立了钻臂变幅机构的虚拟样机,找出了影响钻臂准确定位的主要因素。哈尔滨工业大学涂佳玮等针对动臂式起重机吊重摆动的问题,建立了变幅系统吊重摆动的动力学模型,利用 Matlab 和 Simulink 进行动力学方程求解和运动仿真,得出变幅角度直接影响吊重偏摆角度,变幅运动影响吊重振动幅度,吊重摆动周期只与变幅系统结构有关等结论。

综合可见,大量学者通过建立数学模型、编写 Matlab 程序、简化为刚体单元等方法对起重机进行了多体动力学研究,少数学者通过融合机械结构、液压、电子、控制系统解决了单一系统分析不全面的问题,但刚性的机械结构模型精度不高,起重机实际变幅过程中仍然会发生结构形变等问题,变幅过程中的不平稳现象依然存在。因此,为解决起重机变幅过程中的实际问题,提高仿真模型的精度,还对整体结构进行动力学评价与分析,研究整个结构的运动范围及运动干涉情况,还原真实的运动过程,并且提取所需要的各种参数数据,直到获得自己所需要的优化设计方案或者参数,进而减少了材料不必要的浪费和物理样机制造成本,减少试验验证次数,提高了产品的设计效率,缩短了产品研制的周期和加工费用。

4.2 运动学分析软件简介及几何建模

4.2.1 运动学分析软件简介

虚拟样机仿真分析软件 ADAMS(Auto-Matic Dynamic Analysis of Mechanical Systems),是一款卓越的商用软件,主要进行动力学和运动学的仿真工作。ADAMS 软件主要有以下几个模块:ADAMS/Car(轿车模块)、ADAMS/View(基本模块)、ADAMS/Insight(优化设计模块)、ADAMS/Chassis(轿车底盘模块)、ADAMS/Flex(柔性分析模块)、ADAMS/Driveline(驾驶模块)、ADAMS/Sovler(求解器)、ADAMS/PostProcessor(后处理模块)。它使用交互式图形环境和零件库、约束库、力库,创建完全参数化的机械系统几何模型,其求解器采用多刚体系统动力学理论中的拉格朗日方程方法,建立系统动力学方程,对虚拟机械系统进行静力学、运动学和动力学分析,输出位移、速度、加速度和反作用力曲线。ADAMS 软件的仿真可用于预测机械系统的性能、运动范围、碰撞检测、峰值载荷以及计算有限元的输入载荷等。在 ADAMS 进行运动学仿真分析模式中,整体模型的机械系统的自由度必须为零,如果不为零,则可以进行动力学仿真。机构自由度为零,即在任何时刻都是由自由度的约束关系与位移边界条件来决定系统中各个构件的位置关系和角度关系。在自由度为零的情况下,增加电机驱动时与所涉及的驱动载荷大小无关,但是需要满足运动学关系。在 ADAMS 中通过对运动学的计算,在后处理模块中可以得到以下结果。

(1)构件本身所含有质心位置和各构件上的任意一点(可以自身包含,也可通过需要测量而添加)的位移、运动轨迹、速度、加速度、角度、角速度、角加速度等相关的数据信息,以及这些点所涉及的动能、动量与势能增量等相关数据。

(2)构件上的运动副的受力、角度、位移等数据信息。同时,在运动副上运行时构件或者部件对支座的支反力的提取与优化。

（3）驱动的力、位移和功率在不同方向的相关数据随时间或位移变化的曲线。

在 ADAMS 建立虚拟样机仿真时，各机械系统中零部件 Part 与地面 Ground 或者构件间 Parts 由运动副进行连接，可以利用广义坐标将这些运动副以代数方程的形式进行表示。不妨取运动副的约束方程的数目为 n_h，则运动副广义坐标矢量可用运动学约束方程组表示为

$$\boldsymbol{\Phi}^k(q) = \left[\varphi_1^k(q), \varphi_2^k(q), \cdots, \varphi_{nh}^k(q)\right] = 0 \tag{4.1}$$

进行系统运动学分析的前提是系统具有确定的运动，也就是说整体自由度为零，则系统需要施加自由度数目等于 $(n_c - n_h)$ 的驱动约束，即

$$\boldsymbol{\Phi}^D(q,t) = 0 \tag{4.2}$$

驱动约束一般表示广义坐标随时间变化的函数。驱动约束若由运动确定，就要求驱动约束在其集合内部的约束与运动学约束的合集必须是独立的，且相容。由方程（4.1）和方程（4.2）表示的驱动约束组合为整个系统的全部约束

$$\boldsymbol{\Phi}(q,t) = \begin{bmatrix} \boldsymbol{\Phi}^K(q,t) \\ \boldsymbol{\Phi}^D(q,t) \end{bmatrix} = 0 \tag{4.3}$$

对式（4.1）求导，可得到速度约束方程

$$\dot{\boldsymbol{\Phi}}(\dot{q},q,t) = \boldsymbol{\Phi}_q(q,t)\dot{q} + \boldsymbol{\Phi}_t(q,t) = 0 \tag{4.4}$$

若令 $v = -\boldsymbol{\Phi}_t(q,t)$，则速度方程为

$$\dot{\boldsymbol{\Phi}}(\dot{q},q,t) = \dot{\boldsymbol{\Phi}}_q(q,t)\dot{q} - v = 0 \tag{4.5}$$

对式（4.5）求导，可得加速度方程

$$\ddot{\boldsymbol{\Phi}}(\ddot{q},\dot{q},q,t) = \boldsymbol{\Phi}_q(q,t)\ddot{q} + (\boldsymbol{\Phi}_q(q,t)\dot{q})_q q + 2\boldsymbol{\Phi}_{qt}(q,t)\dot{q} + \boldsymbol{\Phi}_{tt}(q,t) = 0 \tag{4.6}$$

若令

$$\eta = -\left((\dot{\boldsymbol{\Phi}}_q(q,t)\dot{q})_q q + 2\boldsymbol{\Phi}_{qt}(q,t)\dot{q} + \boldsymbol{\Phi}_{tt}(q,t)\right) \tag{4.7}$$

则加速度方程为

$$\ddot{\boldsymbol{\Phi}}(\ddot{q},\dot{q},q,t) = \boldsymbol{\Phi}_q(q,t)\ddot{q} - \eta = 0 \tag{4.8}$$

矩阵 $\boldsymbol{\Phi}_q$ 为雅可比矩阵，不妨取 $\boldsymbol{\Phi}$ 的维数是 m，则 q 的维数为 n，那么 $\boldsymbol{\Phi}_q$ 是维数为 $m \times n$ 的矩阵。

将多刚体系统作为研究对象，研究系统在施加载荷和约束之后，计算其运动相关的数据，或者通过给定的某类运动后，分析其受力情况。在理论力学当中，对机构的动力学问题进行计算需要系列化的动力学方程时，则需要补充运动学的加速度关系以防止产生超静定问题。如常用基点法来求平面内各点速度，平面图形内的各点速度则通过瞬心法来进行求解。然而，实际的机械结构经常会比较复杂，不但各种机构数目众多，而且受力条件并不仅仅是单一工况，而是十分复杂，想要通过传统的列方程组求解未知量是非常难以完成的。通过 ADAMS 对需要分析的对象进行动力学仿真分析，相对而言就非常简便。在 ADAMS 仿真过程中，不妨用刚体 B 的质心的笛卡尔坐标和方位的欧拉角定义坐标，即

$$\boldsymbol{q} = [x, y, z, \psi, \theta, \varphi]^T \tag{4.9}$$

该坐标系与构件的质心坐标系间的变换矩阵可表示为

$$\boldsymbol{B} = [\sin\theta\sin\varphi \quad 0 \quad \cos\theta\sin\theta\cos\varphi] \tag{4.10}$$

构件的角速度表达为

$$\boldsymbol{\omega} = \boldsymbol{B}\dot{\boldsymbol{\gamma}} \tag{4.11}$$

式中　$\dot{\boldsymbol{\gamma}}$——反映刚体方位的欧拉角。

ADAMS 中取 ω_ε 为角速度在坐标系中的分量,即

$$\omega_\varepsilon = \dot{\boldsymbol{\gamma}} \tag{4.12}$$

考虑约束的系统动力学方程,ADAMS 方程的能量形式可写为

$$\frac{\mathrm{d}}{\mathrm{d}t}\left(\frac{\partial T}{\partial \dot{q}_j}\right) - \frac{\partial T}{\partial \dot{q}_j} = Q_j + \sum_{i=1}^n \lambda_i \frac{\partial \theta}{\partial \dot{q}_j} \tag{4.13}$$

式中　T——动能;

　　　q_j——坐标;

　　　Q_j——坐标 q_j 方向上所产生的广义力;

　　　$\sum\limits_{i=1}^n \lambda_i \dfrac{\partial \theta}{\partial \dot{q}_j}$——含有约束方程和拉格朗日乘子的系数,表达了在广义坐标 q_j 方向的

　　　　　　　　　约束反力。

ADAMS 中取 P_j 为动量,则

$$P_j = \frac{\partial T}{\partial \dot{q}_j} \tag{4.14}$$

约束反力可简单表示为

$$C_j = \sum_{i=1}^n \lambda_i \frac{\partial \theta}{\partial \dot{q}_j} \tag{4.15}$$

方程就可转变为

$$\dot{P}_j - \frac{\partial T}{\partial \dot{q}_j} = Q_j - C_j \tag{4.16}$$

动能方程如下

$$T = \frac{1}{2}\dot{\boldsymbol{R}}\boldsymbol{M}\dot{\boldsymbol{R}} + \frac{1}{2}\dot{\boldsymbol{\gamma}}^{\mathrm{T}}\boldsymbol{B}^{\mathrm{T}}\boldsymbol{J}\boldsymbol{B}\dot{\boldsymbol{\gamma}} \tag{4.17}$$

式中　$\boldsymbol{M}$——构件质心的质量矩阵;

　　　$\boldsymbol{J}$——构件在质心广义坐标系下产生的惯量矩阵。

新型吊装设备主要运动为伸展吊臂、伸展支腿、大转盘转体以及大小吊臂转体:

(1)伸展吊臂动作可分为抬升臂架与伸缩臂节。

(2)伸展支腿动作可分为伸出支腿架、伸缩腿节以及支腿绕支架旋转。

(3)大转盘转体动作为车架上的大转盘带动大臂小臂转动。

(4)大小臂转体动作为大臂和小臂在大转盘上的相对转动。

在三维空间中,固连在机器人上的坐标系的位置矢量和旋转矩阵可以共同描述机器人机体和各条腿的位姿。已知直角坐标系中的某点坐标,可通过齐次坐标变换来求其在

另外一个直角坐标系中的坐标。令齐次坐标变换可直角坐标系 $\sum A$ 为直角坐标系 $\sum B$ 空间内 A 的坐标系，${}^BP_A$ 和 ${}^BR_A$ 分别表示直角坐标系 $\sum A$ 相对于直角坐标系 $\sum A$ 的位置矢量和旋转矩阵。则 $\sum A$ 相对于 $\sum B$ 的位姿可表示为

$$ {}^B\boldsymbol{T}_A = [\,{}^B\boldsymbol{R}_A \quad {}^B\boldsymbol{P}_A 0] \tag{4.18}$$

其中

$$ {}^B\boldsymbol{R}_A = \begin{bmatrix} r_{11} & r_{12} & r_{13} \\ r_{21} & r_{22} & r_{23} \\ r_{31} & r_{32} & r_{33} \end{bmatrix} \tag{4.19}$$

$$ {}^B\boldsymbol{p}_A = \begin{bmatrix} {}^Bx_A, & {}^By_A, & {}^Bz_A \end{bmatrix}^{\mathrm{T}} \tag{4.20}$$

${}^B\boldsymbol{T}_A$ 是 $\sum A$ 相对于 $\sum B$ 的齐次变换矩阵。齐次变换分为平移变换和旋转变换，空间某点在参考坐标系中在 x 轴、y 轴、z 轴方向分别移动 a、b、c，其平移变换矩阵表示如下

$$ \mathrm{Trans}(a,b,c) = \begin{bmatrix} 1 & 0 & 0 & a \\ 0 & 1 & 0 & b \\ 0 & 0 & 1 & c \\ 0 & 0 & 0 & 1 \end{bmatrix} \tag{4.21}$$

在参考坐标系中绕 x 轴、y 轴、z 轴旋转 θ 角，其旋转变换可表示为

$$ \mathbf{Rot}(x,\theta) = \begin{bmatrix} 1 & 0 & 0 & 0 \\ 0 & \cos\theta & -\sin\theta & 0 \\ 0 & \sin\theta & \cos\theta & 0 \\ 0 & 0 & 0 & 1 \end{bmatrix} \tag{4.22}$$

$$ \mathbf{Rot}(y,\theta) = \begin{bmatrix} \cos\theta & 0 & \sin\theta & 0 \\ 0 & 1 & 0 & 0 \\ -\sin\theta & 0 & \cos\theta & 0 \\ 0 & 0 & 0 & 1 \end{bmatrix} \tag{4.23}$$

$$ \mathbf{Rot}(z,\theta) = \begin{bmatrix} \cos\theta & -\sin\theta & 0 & 0 \\ \sin\theta & \cos\theta & 0 & 0 \\ 0 & 0 & 1 & 0 \\ 0 & 0 & 0 & 1 \end{bmatrix} \tag{4.24}$$

4.2.2　机构的几何建模

1. 建立吊装设备三维模型

在 Solid Works 中建立吊装设备三维模型，如图 4.1 所示。在模型导入的时候除了进行简化模型及做好准确的装配关系外，还应该在导入模型之前将模型装配在稳定的平面内，避免导入到 ADAMS 内模型倾斜等问题。在导入模型前还应该在 Solid Works 内将装配体的装配关系安排在稳定且容易添加约束的位置，便于直观地进行修改。

2.吊装设备结构模型、约束与载荷简化

考虑到行走底盘上电动机、液压马达、液压动力站、操作台控制箱体等配件对整体结构运动影响较小,因此将所有配件与支架和车轮履带等连为一体;将铰链处的销钉省略以防止过约束时的模型无法求解;将重物以及人员等外载荷等效为外力。

3.模型导入ADAMS

随后将模型导入ADAMS,并修改外观颜色以便观察及随后的操作,如图4.2所示。

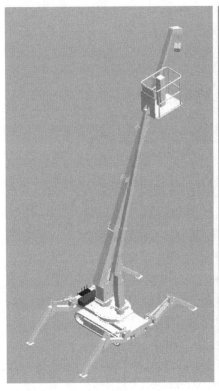

图4.1 吊装设备三维模型　　　　图4.2 吊装设备运动仿真分析模型

4.设定坐标系

为方便描述各个部件位置将履带底部以及车架中心位置作为基准,如图4.3所示。

图4.3 ADAMS工作栅设置

5. 设置仿真环境

设置 ADAMS 中的物理量单位为"MM, kg, Newton, Second, degree"并设置重力加速度为"−9 806. 65 mm/s²",方向为 y 轴负向。

6. 设置模型物理属性

通过几何形状以及材料类型方式定义结构的质量,将全部部件设置为结构钢。部分属性如图 4.4 所示。

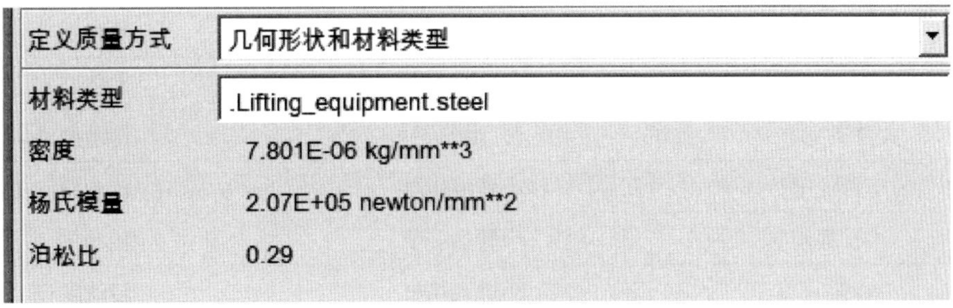

定义质量方式	几何形状和材料类型	▼
材料类型	.Lifting_equipment.steel	
密度	7.801E-06 kg/mm**3	
杨氏模量	2.07E+05 newton/mm**2	
泊松比	0.29	

图 4.4 模型物理属性参数

7. 添加运动副约束

使用运动副和基本约束连接结构各部件,完成各部件位置约束。模型运动副设置见表 4.1,基本运动副与运动约束施加后,需要验证模型约束和驱动情况是否正确,并将影响计算的过约束运动副转化为基本约束。运动副设置如图 4.5 所示。模型验证情况如图 4.6 所示。

表 4.1 运动副情况

零部件 Ⅰ	零部件 Ⅱ	运动副、约束类型
支腿底板	支腿第三节	转动副
支腿第二节	支腿第三节	移动副
支腿第二节	支腿第一节	转动副
支腿第一节	支腿底座	转动副
支腿液压杆	支腿第一节	转动副
支腿液压缸	支腿底座	转动副
支腿底板	地面	平行约束
支腿底座	车架	转动副
支腿液压缸	支腿液压杆	移动副
大臂回转机构	大转盘	转动副
小臂回转机构	大转盘	转动副
大转盘	车架	转动副
大臂底座	大臂液压缸	转动副
大臂底座	大臂第一节	转动副

续表4.1

零部件 Ⅰ	零部件 Ⅱ	运动副、约束类型
大臂第一节	大臂液压杆	转动副
大臂液压杆	大臂液压缸	平移副
大臂第一节	大臂第二节	平移副
大臂第二节	大臂第三节	平移副
大臂第三节	大臂第四节	平移副
大臂第四节	大臂第五节	平移副
大臂第五节	吊勾	转动副
小臂底座	小臂液压缸	转动副
小臂底座	小臂第一节	转动副
小臂第一节	小臂液压杆	转动副
小臂液压杆	小臂液压缸	平移副
小臂第一节	小臂第二节	平移副
小臂第二节	小臂第三节	平移副
小臂第三节	小臂第四节	平移副
小臂第四节	吊篮	转动副
吊篮	地面	平行约束
车架	地面	固定副

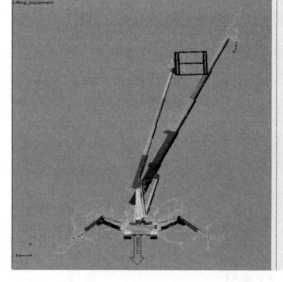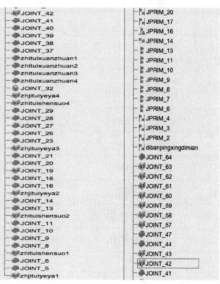

图4.5　各部件间运动副设置

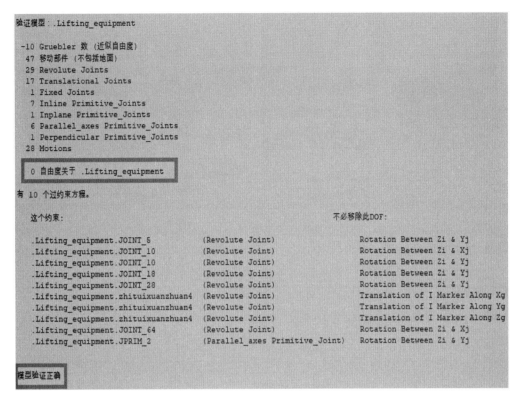

验证模型：.Lifting_equipment

```
-10 Gruebler 数 (近似自由度)
 47 移动部件 (不包括地面)
 29 Revolute Joints
 17 Translational Joints
  1 Fixed Joints
  7 Inline Primitive_Joints
  1 Inplane Primitive_Joints
  6 Parallel_axes Primitive_Joints
  1 Perpendicular Primitive_Joints
 28 Motions

  0 自由度关于 .Lifting_equipment

有 10 个过约束方程。
```

这个约束：		不必移除此DOF：
.Lifting_equipment.JOINT_5	(Revolute Joint)	Rotation Between Zi & Yj
.Lifting_equipment.JOINT_10	(Revolute Joint)	Rotation Between Zi & Xj
.Lifting_equipment.JOINT_10	(Revolute Joint)	Rotation Between Zi & Yj
.Lifting_equipment.JOINT_18	(Revolute Joint)	Rotation Between Zi & Yj
.Lifting_equipment.JOINT_28	(Revolute Joint)	Rotation Between Zi & Yj
.Lifting_equipment.zhituixuanzhuan4	(Revolute Joint)	Translation of I Marker Along Xg
.Lifting_equipment.zhituixuanzhuan4	(Revolute Joint)	Translation of I Marker Along Yg
.Lifting_equipment.zhituixuanzhuan4	(Revolute Joint)	Translation of I Marker Along Zg
.Lifting_equipment.JOINT_64	(Revolute Joint)	Rotation Between Zi & Xj
.Lifting_equipment.JPRIM_2	(Parallel_axes Primitive_Joint)	Rotation Between Zi & Yj

模型验证正确

图 4.6　模型验证情况

模型验证完成后施加简单的驱动,仿真模拟结构展开与收缩,研究结构间是否存在运动干涉。模型完全伸展图如图 4.7 所示,完全合拢图如图 4.8 所示。

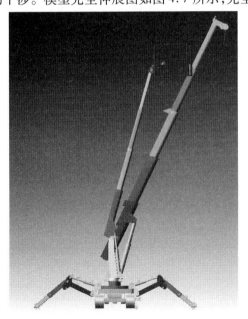

图 4.7　吊装设备展开(工作) 示意图

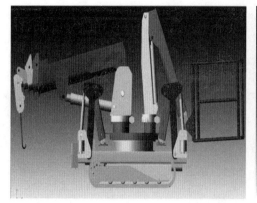

图4.8　吊装设备收拢(行走)示意图

8. 仿真动作设计

为了完成工作作业要求,需要吊装设备满足不同的工作姿态以及外载荷的工作情况。在仿真模拟试验中设置仿真时间为 9 s,动作设计及载荷情况如图4.9所示,所设计动作满足吊装设备到达所需位置。

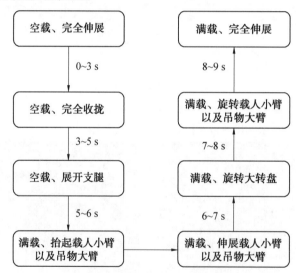

图4.9　模型仿真动作设计图

9. 仿真驱动设置

运动副确定模型的运动方式,施加驱动才能使运动副间产生相对运动,根据上述设计动作,采用 STEP 函数来实现各个关节运动,从而来实现相应的动作。具体函数设置如下。

(1)支腿驱动。

支腿绕行走底盘旋转:STEP(time,1,0,2,90d) + STEP(time,3,0,4, - 90d);

支腿第一节与支腿第二节间旋转:STEP(time,0,0,1, - 90d) + STEP(time,4,0,5,90d);

支腿第二节与支腿第三节间伸缩:STEP(time,0,0,1,0.3) + STEP(time,4,0,5,
- 0.35);

支腿部位液压运动:STEP(time,0,0,1, - 0.45) + STEP(time,4,0,5,0.5)。

（2）大臂驱动。

大臂液压:STEP(time,1,0,3, - 0.58) + STEP(time,5,0,6,0.58);

大臂绕大转盘旋转:STEP(time,1,0,2,90d) + STEP(time,8,0,9, - 90d);

第五节臂与第四节臂伸缩运动:STEP(time,0,0,1, - 1.5) + STEP(time,6,0,7,
1.5);

第三节臂与第四节臂伸缩运动:STEP(time,0,0,1,1.35) + STEP(time,6,0,7,
- 1.35);

第三节臂与第二节臂伸缩运动:STEP(time,0,0,1, - 1.45) + STEP(time,6,0,7,
1.45);

第二节臂与第一节臂伸缩运动:STEP(time,0,0,1,1.42) + STEP(time,6,0,7,
- 1.42)。

（3）小臂驱动。

小臂液压:STEP(time,1,0,3,0.58) + STEP(time,5,0,6, - 0.58);

小臂绕大转盘旋转运动:STEP(time,1,0,2, - 90d) + STEP(time,8,0,9, - 90d);

第二节臂与第一节臂伸缩运动:STEP(time,0,0,1, - 1.2) + STEP(time,6,0,7,
1.2);

第三节臂与第二节臂伸缩运动:STEP(time,0,0,1,1.3) + STEP(time,6,0,7,
- 1.3);

第三节臂与第四节臂伸缩运动:STEP(time,0,0,1, - 1.18) + STEP(time,6,0,7,
1.18)。

（4）大转盘驱动:STEP(time,7,0,8,90d)。

4.3 变电站用起吊装备机构的运动学分析

4.3.1 空间位置分析

根据预设的仿真动作,通过吊物大臂末端标记点(MARKER_322)的空间位置变化,可以得到大臂的工作半径及位置变化情况,如图 4.10 所示。大臂末端基准点的 y 向距离主要取决于伸臂和抬臂动作;x 向和 z 向取决于大臂的旋转角度。由图可知新型吊装设备大臂最大工作半径为 10 m 左右。

通过载人小臂末端标记点(MARKER_326)的空间位置变化,可以得到小臂的工作半径及位置变化情况,如图 4.11 所示。小臂末端基准点的 y 向距离主要取决于伸臂和抬臂动作;x 向和 z 向取决于小臂的旋转角度。由图可知新型吊装设备小臂最大工作半径为 9 m 左右。

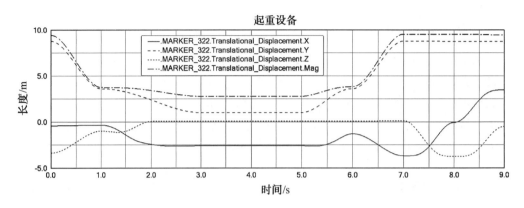

图 4.10　吊物大臂空间位置

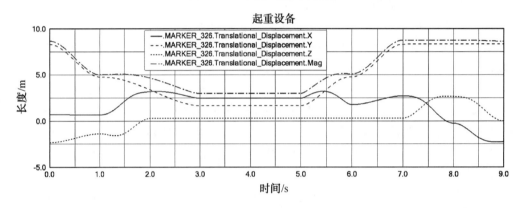

图 4.11　载人小臂空间位置

同样地,通过支腿支承底板末端标记点(MARKER_330)的空间位置变化,可以得到支腿的工作半径及位置变化情况,如图4.12所示。由图可知支腿延伸距离为3 m左右,当然也可通过调节液压装置改变其延伸距离。

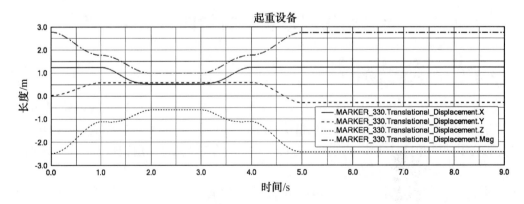

图 4.12　支腿空间位置

4.3.2 旋转部件受力分析

根据预设的仿真动作,通过吊物大臂与大转盘上的底座连接处铰链的运动副(JOINT_39)所承受的力和力矩,可以得到吊物大臂与大转盘上的底座上受到的力矩和力的变化情况,如图 4.13 所示。当大臂收缩时,旋转底座也会受到大臂自重和大臂运动惯性带来的冲击影响,使得空载时大臂与大转盘上的底座连接处所受到的载荷出现波动。同样,当满载工作时,大臂与大转盘上的底座连接处所受到的载荷出现波动,同时受到的力也急剧增加。类似的,力矩变化情况也是如此。

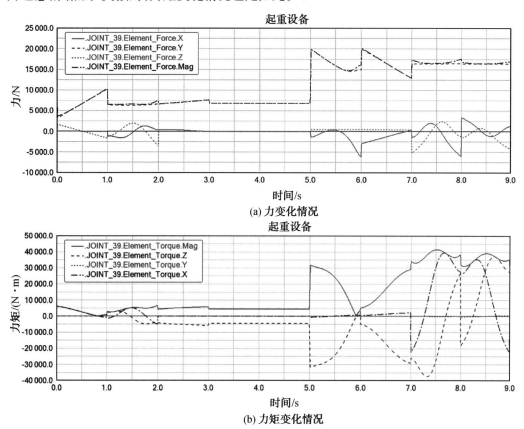

图 4.13　吊物大臂与大转盘上底座连接位置

通过载人小臂与大转盘上的底座连接处铰链的运动副(JOINT_38)所承受的力和力矩,可以得到载人小臂与大转盘上的底座受到的力矩和力的变化情况,如图 4.14 所示。当小臂收缩时,旋转底座也会受到小臂自重和小臂运动惯性带来的冲击影响,使得空载时小臂与大转盘上的底座连接处所受到的载荷出现波动。同样,当满载工作时,小臂与大转盘上的底座连接处所受到的载荷出现波动,同时结构受到的力也急剧增加。类似的,力矩变化情况也是如此。

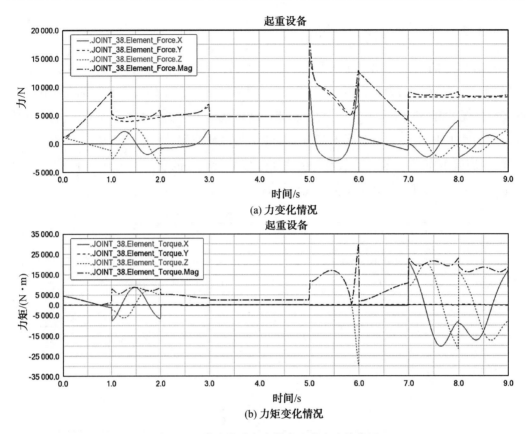

(a) 力变化情况

(b) 力矩变化情况

图 4.14　载人小臂与大转盘上底座连接位置

　　同样地,通过支腿与车架连接处铰链的运动副(zhituixuanzhuan1)所承受的力和力矩,可以得到支腿与车架连接处铰链受到的力矩和力的变化情况,如图 4.15 所示。当支腿收缩时,支腿旋转底座也会受到支腿和支腿运动惯性带来的冲击影响,使得支腿受到的载荷出现波动(1 ~ 2 s,3 ~ 4 s)。当满载工作时,支腿并不旋转,因此受到的载荷较为稳定,但幅值也有所增大。类似的,力矩变化情况也是如此。

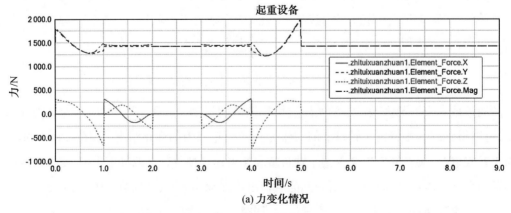

(a) 力变化情况

图 4.15　支腿与车架连接处位置

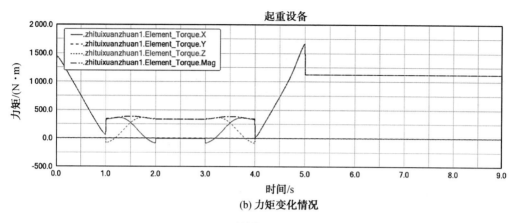

(b) 力矩变化情况

续图 4.15

通过大转盘与车架连接处铰链的运动副（JOINT_37）所承受的力和力矩，可以得到大转盘与车架连接处铰链受到的力矩和力的变化情况，如图 4.16 所示。大转盘与车架连接处的运动副由于大臂小臂自重以及大臂小臂旋转带来的惯性冲击，使得所受载荷一直处于波动状态。当吊起重物以及载人后，大转盘与车架连接处的运动副所受到的力也相应增加，同时，由于运动惯性的存在，使得受力也在不断地波动，因此需要注意大转盘的疲劳问题。

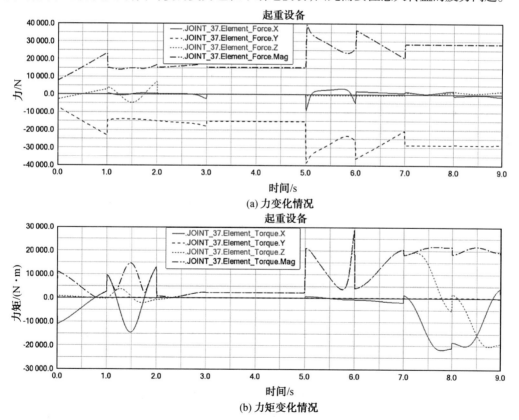

(a) 力变化情况

(b) 力矩变化情况

图 4.16　大转盘与车架连接位置

4.3.3 旋转部件角速度及角加速度分析

物体的运动速度和加速度直接影响到各个连接处的安全性和可靠性,过大的加速度会产生较大的冲击,导致连接的运动副失效,从而影响正常作业。通过预设的仿真动作,通过吊物大臂与大转盘上的底座连接处铰链的运动副(JOINT_39)的运行加速度和角加速度,即可以得到吊物大臂旋转运行加速度和角加速度,如图 4.17 所示。由图可知在 1.5 s 和 8.5 s 转动速度最大,说明此时转动最快;在 1 s、2 s、8 s 以及 9 s 加速度最大,说明运动副受到的冲击最大。

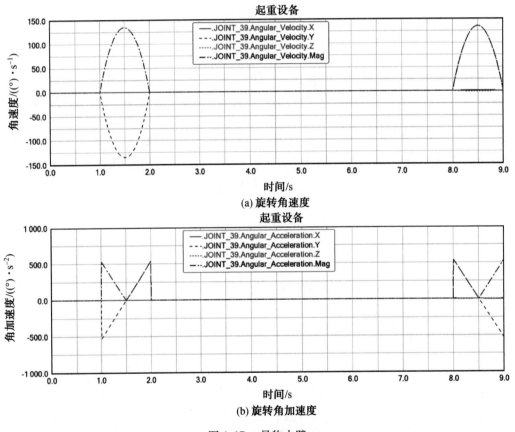

图 4.17 吊物大臂

通过载人小臂与大转盘上的底座连接处铰链的运动副(JOINT_38)的运行加速度和角加速度,即可以得到载人小臂旋转运行角速度和角加速度,如图 4.18 所示。由图可知在 1.5 s 和 8.5 s 转动速度最大,说明此时转动最快;在 1 s、2 s、8 s 以及 9 s 加速度最大,说明运动副受到的冲击最大。

通过支腿与车架连接处铰链的运动副(zhituixuanzhuan1)的运行加速度和角加速度,即可以得到支腿旋转运行角速度和角加速度,如图 4.19 所示。由图可知在 1.5 s 和 3.5 s 转动速度最大,说明此时转动最快;在 1 s、2 s、3 s 以及 4 s 加速度最大,说明运动副受到的冲击最大。

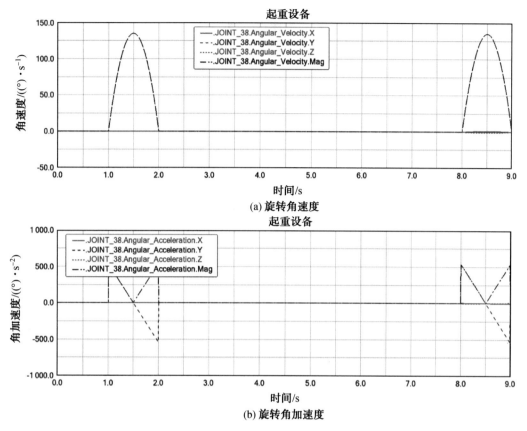

(a) 旋转角速度

(b) 旋转角加速度

图 4.18　载人小臂

通过大转盘与车架连接处铰链的运动副（JOINT_37）的运行加速度和角加速度，即可以得到大转盘旋转运行角速度和角加速度，如图 4.20 所示。由图可知在 7.5 s 转动速度最大，说明此时转动最快；在 7 s 和 8 s 加速度最大，说明运动副受到的冲击最大。

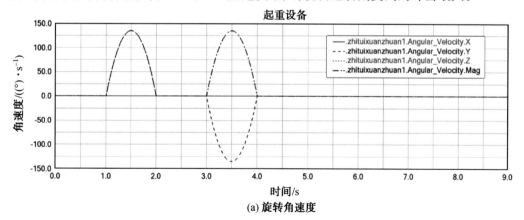

(a) 旋转角速度

图 4.19　支腿

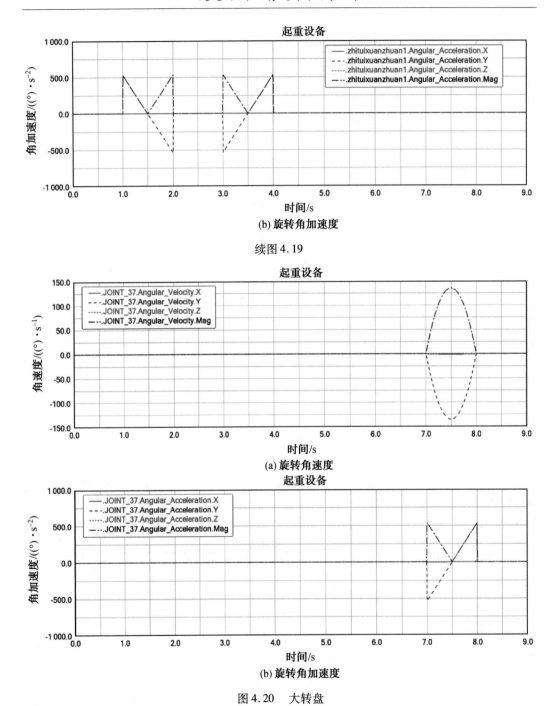

(b) 旋转角加速度

续图 4.19

(a) 旋转角速度

(b) 旋转角加速度

图 4.20　大转盘

4.3.4　液压缸功率以及受力分析

支腿支承整车工作载荷、大臂起吊重物以及小臂载人抬升等动作的安全性和稳定性都离不开液压装置的稳定工作。因此,充分了解液压驱动的功率以及液压装置受力十分重要。研究支腿、大臂以及小臂液压驱动的功率以及液压装置受力,可为液压装置的选择提供一些理论依据。支腿液压驱动装置的受力变化情况如图 4.21 所示,支腿液压驱动装置的功率变化情况如图 4.22 所示。可以明显看到,当支腿收缩和延展时,支腿液压装置需要一定的功率驱动结构完成动作,而当作业时,起重外载荷时,支腿液压装置并不工作。同时,由支腿液压装置受力情况可知,当支腿收缩和延展时,支腿液压装置受力较小,而当作业时,起重外载荷(重物)使得支腿液压装置受力急剧增加,起吊重物结束后,保持一定的高度时,支腿受力稳定。

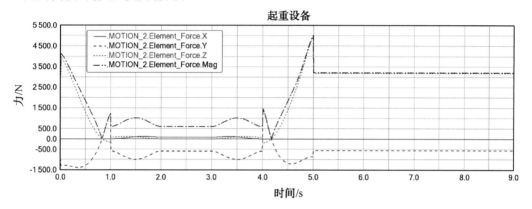

图 4.21　支腿液压装置受力变化情况

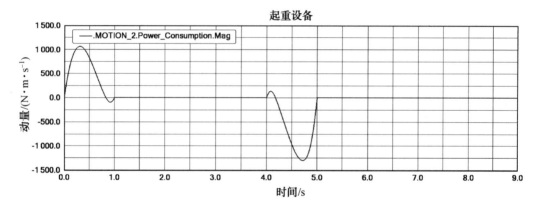

图 4.22　支腿液压装置功率变化情况

小臂液压驱动装置的受力变化情况如图 4.23 所示,小臂液压驱动装置的功率变化情况如图 4.24 所示。可以明显看到,当空载时小臂液压装置仅需要很小的功率驱动结构完成动作,而当作业时,起重外载荷(载人)使得小臂液压装置功率急剧增加。同时,由小臂液压装置受力情况可知,当空载时小臂液压装置受力较小,而当作业时,起重外载荷(重物)使得小臂液压装置受力急剧增加,起吊重物结束后,保持一定的高度时受力较小,而随后在旋转移动过程中由于惯性等导致小臂臂液压装置出现波动。

大臂液压驱动装置的功率变化情况如图 4.25 所示,大臂液压驱动装置的受力变化情况如图 4.26 所示。可以明显看到,当空载时大臂液压装置仅需要很小的功率驱动结构完成动作,而当作业时,起重外载荷(重物)使得大臂液压装置功率急剧增加。同时,由大臂液压装置受力情况可知,当空载时大臂液压装置受力较小,而当作业时,起重外载荷(重

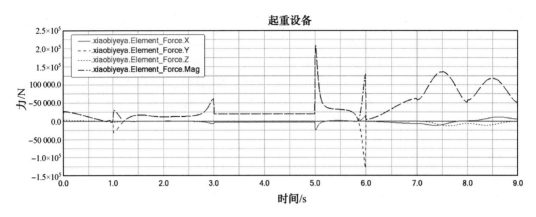

图 4.23　小臂液压装置受力变化情况

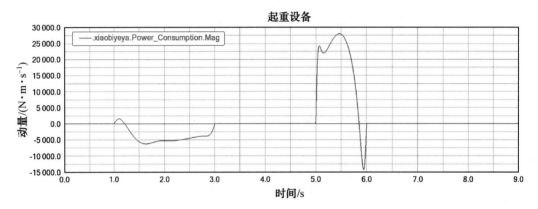

图 4.24　小臂液压装置功率变化情况

物)使得大臂液压装置受力急剧增加,起吊重物结束后,保持一定的高度时受力较小,而随后在旋转移动过程中由于惯性等导致大臂液压装置出现波动。

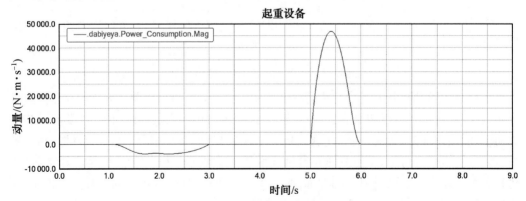

图 4.25　大臂液压装置功率变化情况

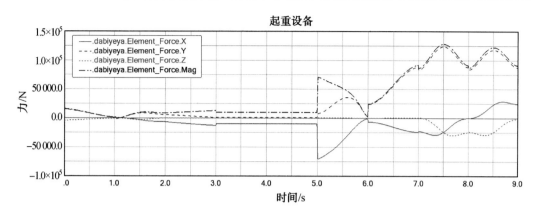

图 4.26　大臂液压装置受力变化情况

4.4　本章小结

　　本章首先介绍了吊装机械动力学的研究方向、研究方法与策略、存在的相关问题、国内外的研究现状以及虚拟样机软件 ADAMS 的功能,分析了在 ADAMS 中建立虚拟样机仿真时,各机械系统中零部件与地面或者构件间由运动副相互连接,通过笛卡尔坐标和欧拉角定义坐标进行运动学计算的原理以及在三维空间中机器人机体和各条腿的位姿的矩阵表达式。详细介绍了吊装设备在 ADAMS 仿真软件中模型建立和设置的过程,并利用后处理模块对变电站用起吊装备机构(吊物大臂、载人小臂、支腿)的空间位置、旋转部件(吊物大臂与大转盘上底座连接处、载人小臂与大转盘上底座连接处、支腿与车架连接处、大转盘与车架连接处)的受力、旋转部件(吊物大臂、载人小臂、支腿、大转盘)角速度和角加速度以及液压缸(支腿液压装置、小臂液压装置、大臂液压装置)的功率和受力情况都进行了详细的分析。虚拟样机仿真软件的应用,还原了吊装设备真实的运动过程,提取了所需要的各种参数数据,减少了材料不必要的浪费和物理样机制造成本,减少试验验证次数,提高了产品的设计效率,缩短产品研制的周期和加工费用。

第5章 变电站用起吊装备的静动力学分析

5.1 概　　述

强度分析是诞生在结构设计过程中的,这种近似数值计算的方法,又大大提高了结构设计的效率。尽管结构力学和固体力学的理论已经发展得相当完善,但是对一些较复杂的结构分析,解析法还是无能为力,而强度分析的有限元法恰恰能有效地克服这个困难,它在结构分析中已经成为一个强有力的通用数值方法。目前,有限元法已广泛应用于静力、动力、稳定、弹塑性、接触等结构分析和优化设计中。

在20世纪50年代初,有限元法成为工程强度分析的有力工具,其在结构强度分析上的应用是力学真正可以更广泛地在工程中应用。随着结构优化理论的发展和实际应用,有限元理论分析技术的进一步成熟,各种实际的数值计算方法的相继出现,计算机的飞速发展,机构设计逐渐由消极的校验设计变成积极的改善设计,即可以根据结构的使用和运行要求,按照力学理论,建立数学模型,借助于优化理论和方法得出结构的最优设计,而有限元方法是结构分析优化的基础之一。有限元分析结果中的结构在外载荷下的力学响应量及其对设计变量的导数是结构优化必不可少的信息。结构有限元分析已经被证明是一种有效的力学分析手段,利用有限元分析,目前的结构优化设计已经突破了传统的结构设计格局,克服了采用经验、类比或采用许多假设和简化导出的计算公式进行结构设计在校核方面的诸多局限。将优化搜索技术与有限元分析技术结合起来,充分利用计算机技术、有限元技术和优化技术,自动地设计出满足各种给定要求的最佳结构尺寸、形状等,可使结构设计快速而较精确,从而大大缩短设计周期,提高产品的精度和性能。

由于强度分析采用的有限元法能够在计算机上自动求解得到问题的解答,能够求解静力学模型;也可以求解动力学模型,可以求解固体力学问题,也可以求解流体力学模型;可以计算稳态温度场下的物体的热力学响应,也可以处理非稳态热源下的时间响应,以及电磁场等各方面的力学问题。

5.2　静动力学分析软件简介及几何建模

5.2.1　静动力学分析软件简介

有限元法经过几十年的发展,已成为一种通用的数值计算方法。它具有鲜明的特点,具体表现在以下几方面。

(1)理论基础简明,物理概念清晰。有限元法的基本思想就是几何离散和分片插值,概念清晰,容易理解。

（2）计算格式规范，易于程序化。该方法在具体推导计算中，广泛采用了矩阵方法。矩阵代数能把复杂的分析和运算用矩阵符号表示成非常紧凑简明的数学形式，因此最适用于电子计算机储存，便于实现程序设计的自动化。

（3）不同的计算方法可用于绘制每个节点的位移。

目前 ANSYS 软件是使用最广、功能最为齐全的有限元分析软件。其最主要的分析形式分为两种：一种是 Workbench，另一种是采用命令流方式进行分析。第一种方法因为每次进行分析之前都需要重新建立模型，对于简单模型比较方便快捷，但是对于复杂模型，对其进行修改后，若继续按上述过程进行的话，将会相当的繁杂和费时。所以对于复杂模型或者需要进行调试设计的模型，都应当采用参数化设计语言。用户可以通过修改文本文件调整模型的参数，极大地缩短了模型重新计算的时间。有限元分析方法也存在缺点，即计算量过大。尤其在对某些工程问题进行分析时，必须事先编好计算机程序，依赖于计算机求解。即便如此，计算之前的数据准备以及计算之后的数据处理的工作量都很巨大。因此为了权衡计算精度与数据量之间的关系，采用合理的网格密度，这是当下有限元分析当中的难点。但是随着 ANSYS Workbench 的发展，目前对用户十分友好，且具有十分强大功能，具有极强的自主识别能力，可针对不同对象和具体结构匹配最适宜的网格划分方法，也可根据自己的需求自行划分网格数量；另外，Workbench 还拥有优秀的优化功能，可以选择多种算法建立结构拓扑优化模型。Workbench 有限元分析的基本过程：对分析类型和单元类型的初步确定；在进入模型定义之前，设置杨氏模量、泊松比等前处理；进入模型处理后施加约束和载荷并求解、查看结果及后处理。有限元仿真分析的步骤流程如图5.1 所示。

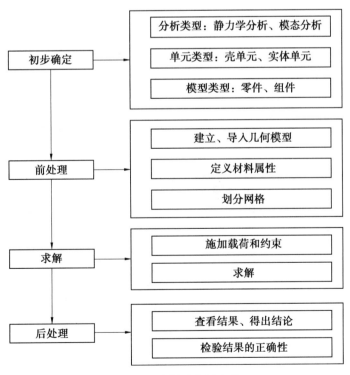

图 5.1 有限元分析流程

5.2.2 机构的几何建模

1. 材料属性定义

Workbench 有限元软件在带入模型时默认材料是 Structural Steel(钢材),可在导入外部模型后自行添加并赋予新的材质。所需要定义的参数包括材料的杨氏模量、密度以及泊松比,如表 5.1 所示。

表 5.1　材料物理属性

材料	杨氏模量	密度	泊松比
Structural Steel	2×10^{11} Pa	7 850 kg/m³	0.3

2. 网格划分

划分网格主要是为了实现几何模型向有限元模型的转化,将一个完整的实体转化为有限的小单元,对模型从整体上出发控制网格的划分形式和单元的数量或尺寸大小,再对支承处、连接处、载荷施加位置、应力变化较大的地方加以局部网格细化。网格的划分数量和单个网格尺寸的大小对结果精度和计算规模都有着直接的因果关系,计算精度会随着网格尺寸的细化而提高,但计算的工作量同样会有所增加,因此,网格划分的数量和单个单元尺寸不宜过多或者过少,要适中。对几个核心重要部件进行有限元网格划分以便后续进行强度校核分析。大臂网格划分如图 5.2 所示,其细节局部放大如图 5.3 所示;小臂网格划分如图 5.4 所示,其细节局部放大如图 5.5 所示。

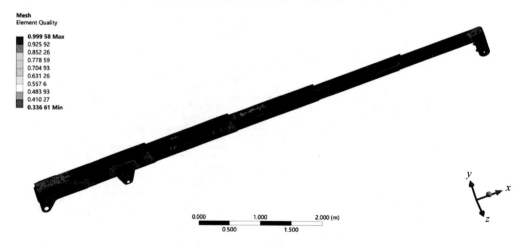

图 5.2　大臂网格划分情况

车架网格划分如图 5.6 所示,其细节局部放大如图 5.7 所示。

支腿网格划分如图 5.8 所示,其细节局部放大如图 5.9 所示。

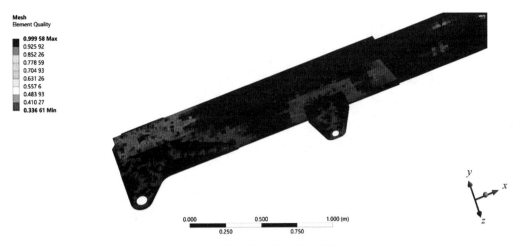

图 5.3　大臂网格划分细节局部放大

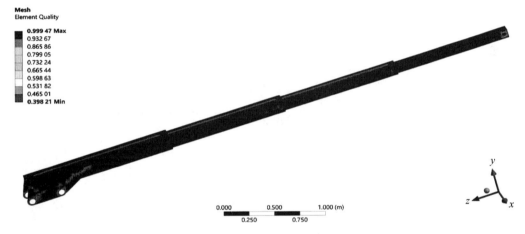

图 5.4　小臂网格划分情况

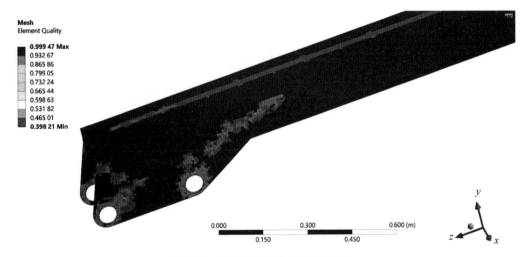

图 5.5　小臂网格划分细节局部放大

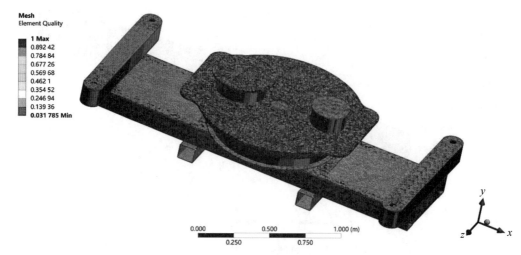

图 5.6　车架网格划分

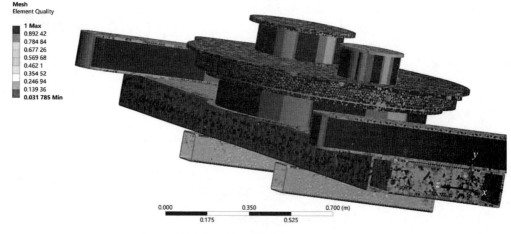

图 5.7　车架网格划分局部放大

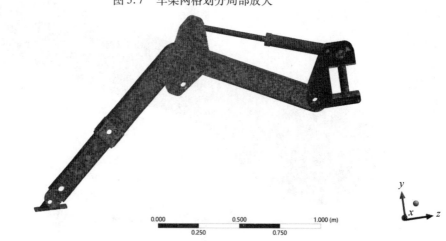

图 5.8　支腿网格划分情况

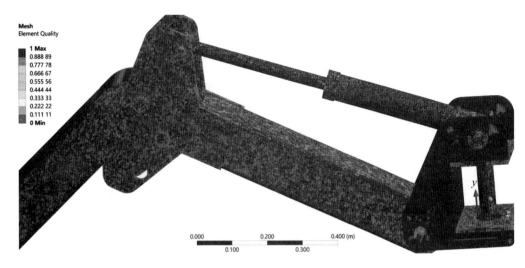

图 5.9　支腿网格划分局部细节情况

5.3　变电站用起吊装备的静力学分析

　　结构静力学分析是最为常见的,也是应用最广泛的一种分析。总的来说,结构静力学分析可分为线性分析和非线性分析。非线性分析较复杂,先讨论线性分析较为合适,大多数工程问题通过线性分析已经可以得到相对比较满意的结果,而有限元法也已经成为解决结构力学问题的主流方法。静力学分析主要研究固体材料组成的物体在一定约束和载荷作用下会发生的形变以及物体内部物质间将处于复杂的受力状态,而弹性力学就是将物体的形变和应力的关系描述出来。

　　弹性力学有以下几个假设。

　　(1)连续性:固体宏观看成连续体,即认为物质无间隙得充满整个固体,可导,是应用微积分的基础。

　　(2)均匀性:材料宏观均匀,即认为物质均匀分布在物体内部,物理性质和位置坐标无关,例如,弹性模量、泊松比、密度、膨胀系数等。

　　(3)各向同性:与坐标方向无关的材料常数,例如,弹性模量、泊松比等,复合材料力学不满足此条假设。

　　(4)完全弹性:本构关系线性,弹性常数与应力应变的大小无关,即材料处于弹性阶段,塑性力学不满足此条假设,即材料非线性。

　　(5)小变形:位移远远小于结构的宏观尺寸,应变和转角远远小于1,应变可表示为位移的一阶导数,且几何参数均可用变形前的,即几何线性,不满足此条假设的就是几何非线性。

　　事实上,有限元分析只需要满足前两条假设即可,不满足后三条假设分别对应:各向异性材料分析、材料非线性分析和几何分线性分析。

　　五个假设都满足的就是常规的线性分析。一般问题主要从线性分析开始讨论问题。对于弹性体而言,有位移、应变和应力三种最基本的物理量,可描述变形前后的状态。此外,加载过程通过外载荷这个参数描述。

　　弹性力学通过以下三类偏微分方程组将这几个参数关联起来。

　　(1)平衡方程:描述应力和外载荷之间的平衡关系

　　(2)物理方程:描述应力和应变的关系;

　　(3)几何方程:描述位移和应变之间的关系,通过应变描述位移时,还需要增加变形协调方程。

5.3.1　吊物大臂与载人小臂

　　当工况为满载、最大伸展距离和最大仰角时,结构处于极限工作状态。其大小臂完全伸展结构如图 5.10 所示。为了解结构在极限工况下的变形和应力情况,对吊物大臂和载人小臂结构进行静力学分析。根据理论的不同,对结构进行静力学仿真分析的结构也有所差异。基于小变形理论的弹性力学的静力学分析理论属于线性分析,可快速计算得出结构的应力、应变以及位移。当大变形开关打开时,静力学分析理论属于非线性分析,在计算时就会考虑结构变形对刚度的影响,根据上一步的位移结果更新节点坐标后重新计算刚度,大变形分析需要迭代,所以计算量大。在实际工作中,通常需要对比同一问题的线性分析结果和非线性分析结果,才能得出正确的分析结果。因此,对大臂和小臂进行不同设置的静力学分析。采取小变形理论和大变形理论对吊臂的强度和刚度进行分析,大臂和小臂相应伸展臂各节最大应力见表 5.2。根据理论分析可知,所示吊臂各部件最大应力与大变形理论计算结果一致,因此考虑大变形对结构刚度的影响的静力学分析结果更符合工程实际。考虑到结构变形对刚度影响时的大臂和小臂静力学分析位移和应力云图分别如图 5.11 和图 5.12 所示。

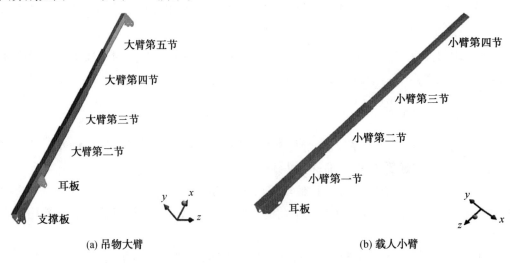

(a) 吊物大臂　　　　　　　　　　　　　　　　(b) 载人小臂

图 5.10　吊物大臂和载人小臂的完全伸展结构

表5.2 吊臂各节最大应力

臂节数	大臂最大应力/MPa		小臂最大应力/MPa	
	大变形(非线性)	小变形(线性)	大变形(非线性)	小变形(线性)
1	55.408	16.821	16.384	14.552
2	90.312	29.813	29.018	23.585
3	90.739	29.616	49.41	39.753
4	87.318	61.522	37.883	31.464
5	84.795	99.301	—	—

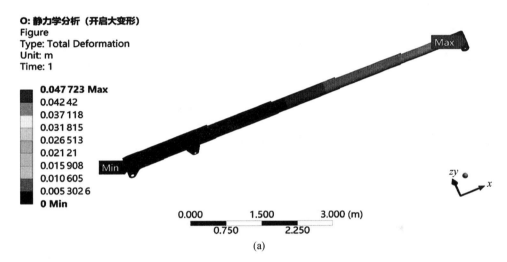

(a)

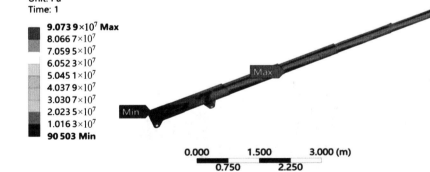

(b)

图5.11 大臂非线性静力学分析位移及应力云图

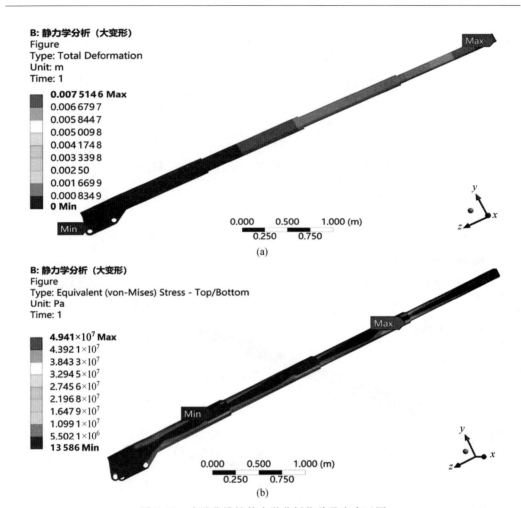

(a)

(b)

图 5.12　小臂非线性静力学分析位移及应力云图

5.3.2　支架

当满载时(吊物、载人),车架以及大转盘结构变形情况如图 5.13 所示,结构应力分

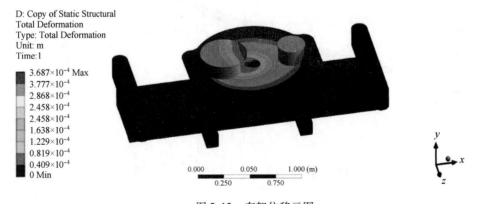

图 5.13　车架位移云图

布情况如图 5.14 所示,大转盘应力云图如图 5.15 所示。由图 5.13 可知车架变形整体较小。由图 5.14 可知最大应力部件为大转盘,需重点注意大转盘的实际工程试验。

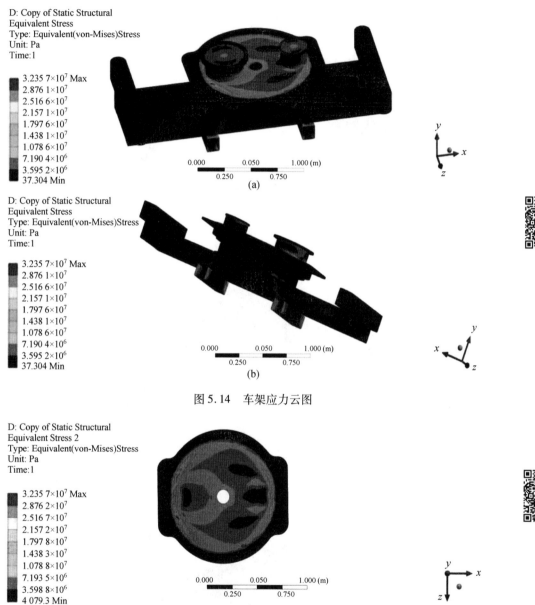

图 5.14　车架应力云图

图 5.15　大转盘应力云图

5.3.3　支腿

当满载时(吊物、载人),支腿结构变形情况如图 5.16 所示,结构应力分布情况如图 5.17 所示,支腿第三节臂(应力最大部件)应力云图如图 5.18 所示。由图 5.16 和图 5.17 可知,支腿末端连接支架处变形最大,最大变形为 0.2 m。最大应力部位为支腿第三节臂与支腿底板连接处,而整个支腿应力整体较小,说明结构在底板的连接处存在应力集中,需重点注意连接处的处理。

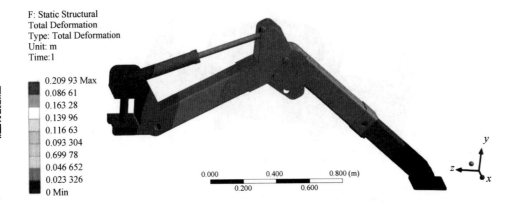

图 5.16　支腿位移云图

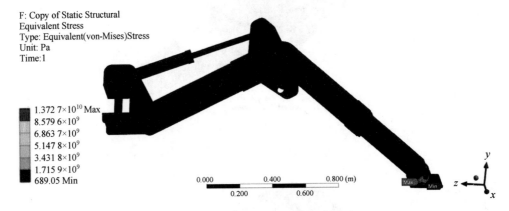

图 5.17　支腿应力云图

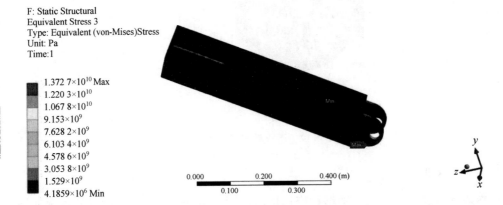

图 5.18　支腿第三节臂应力云图

5.4　变电站用起吊装备机构的动力学分析

5.4.1　机构模态分析

起重机起升重物的过程中存在振动,要考虑此振动的频率,应进行有限元的模态分析和瞬态分析,以避免和整机的固有频率发生共振波动,影响整机安全性。为了优化设计尺寸、减小结构的质量以及提高结构的特征频率,通过模态分析得出系统的模态参数,为结构系统的振动特性分析、振动故障诊断和预报以及结构动力特性的优化设计提供依据。同时模态分析也是其他问题瞬态动力学分析的一个起点,如谐波分析、频谱分析、动力学分析等。

研究结构系统的固有频率和模态振型,首先要建立该系统的动力学方程。根据“动静法”即达朗贝尔原理,运用静力学的方法分析和解决动力学问题。在研究的运动系统中引入惯性力,就可以建立动力学方程。对于一个多自由度线性系统有阻尼的振动方程如下

$$M\ddot{u}+C\dot{u}+Ku=F(t) \tag{5.1}$$

式中　M——质量矩阵;

　　　C——阻尼矩阵;

　　　K——刚度矩阵;

　　　$F(t)$——外部激励矩阵;

　　　$\ddot{u}$——加速度矩阵;

　　　$\dot{u}$——速度矩阵;

　　　U——位移矩阵。

因为结构的固有频率和振型与所受外力 $F(t)$ 无关,小阻尼对固有频率和振型影响不大。因此,用无阻尼无外载荷的自由振动方程求解结构的频率和振型。于是上述方程可简化为

$$M\ddot{u}+Ku=0 \tag{5.2}$$

由于弹性体的自由振动可以分解为一系列的简谐振动的叠加,当发生简谐振动时,即位移为正弦函数 $u=U\sin(\omega t)$ 时,方程为

$$K-M\omega_i^2\boldsymbol{\varphi}_i=0 \tag{5.3}$$

式中　$\boldsymbol{\varphi}_i$——各个节点位移的振幅向量,即结构的固有振型;

　　　ω_i——振型对应的固有频率;

　　　i——从 1 到自由度的数。

式(5.3)为经典的特征值问题,ω_i^2 为此方程的根即广义特征值,ω_i 为与振型对应的固有频率;特征值 ω_i 相对应的广义特征向量是 u。于是可以分析出进行特征值和特征向量的求解就是模态分析最后要解决的问题。由于 $\boldsymbol{\varphi}_i$ 为非零向量,要使方程有非零解,则

方程的系数即行列式 $K-M\omega_i^2\varphi_i$ 必须为零,这是广义特征值方程。将结构离散为具有 n 自由度的系统,则刚度矩阵和质量矩阵都是 n 阶矩阵,解广义特征值方程即可得弹性体的 n 阶固有频率,从而确定对应的振型。

模态分析可分为自由模态、约束模态和预应力模态。自由模态是指在无任何约束边界条件下对结构进行的模态分析;约束模态是指对结构的某些自由度施加约束进行的模态分析。大部分情况下结构都是受到各种约束,约束模态跟自由模态无论是在振型上还是固有频率上都存在非常大的差别,因此需按实际情况施加约束条件,进行约束模态分析;预应力模态是指结构在外载作用下的模态分析。由于结构在不同的外载荷下会表现出不同的动力学特性,表现为应力刚化和旋转软化。因此需要研究外载荷存在时的结构动力学特性,由于模态分析不可直接施加载荷,因此需要通过同等应力条件下的静力学分析获取结构在外载荷作用下的结构刚度,从而计算预应力模态。

自由模态分析是指对处于自由边界的结构进行模态分析,此时结构未受到任何位移约束。自由模态分析可能会得到固有频率为0的模态,称为刚体模态。一般情况下,特征值计算得到的前六阶模态为刚体模态。除了刚体模态,其他各阶模态称作弹性模态。刚体模态和弹性模态的区别:弹性自由模态的固有频率必然大于0;而刚体模态的固有频率理论上应该为0,计算误差会导致刚体模态的固有频率结果不绝对为0,而是非常接近于0的数值。弹性自由模态是一种弹性变形状态,描述的是结构上各位置之间的相对变形,其应力分布不为0(通常叫作模态应力);而刚体模态描述的是结构刚体移动(通常是绕质心的平动和绕质心的转动;当采用不同的坐标系时,也不一定绕质心平动或转动),不存在弹性变形,所以其应力分布处处为0。

吊物大臂以及载人小臂的自由模态、约束模态和预应力模态的前十二阶固有频率见表5.3。自由模态前六阶属于刚体运动,并无实际意义,且考虑到吊臂承受的载荷振动频率较低。因此,仅需要关注结构的自由模态第七阶和第八阶振型以及约束模态和预应力模态的低频模态振型。小臂自由模态第七阶和第八阶振型如图5.19所示,小臂约束模态、预应力模态的第一阶和第二阶振型分别如图5.20和图5.21所示。大臂自由模态第七阶和第八阶振型如图5.22所示,大臂约束模态、预应力模态第一阶和第二阶振型分别如图5.23和图5.24所示。

表5.3　吊臂模态分析前十二阶固有频率

阶数	自由模态固有频率/Hz		约束模态固有频率/Hz		预应力模态固有频率/Hz	
	大臂	小臂	大臂	小臂	大臂	小臂
1	0	0	5.678 6	8.959 3	5.967 7	11.324
2	0	0	8.121 6	10.113	7.522 2	13.86
3	0	0	24.384	40.002	26.075	40.209
4	0.003 846 2	0.022 268	37.58	45.736	34.802	47.731

续表 5.3

阶数	自由模态固有频率/Hz		约束模态固有频率/Hz		预应力模态固有频率/Hz	
	大臂	小臂	大臂	小臂	大臂	小臂
5	0.005 361 2	0.040 963	50.605	90.387	57.577	88.605
6	0.065 518	0.214 77	78.283	112.14	78.719	111.38
7	21.621	32.128	94.189	136.38	89.066	139.65
8	25.813	35.803	118.1	196.6	112.6	208.7
9	56.908	85.222	125.63	206.81	112.88	211.42
10	67.877	94.668	162.54	236.94	120.64	283.7
11	106.37	157.1	180.86	289.44	134.72	293.27
12	128.31	179.69	184.5	326.24	139.33	315.15

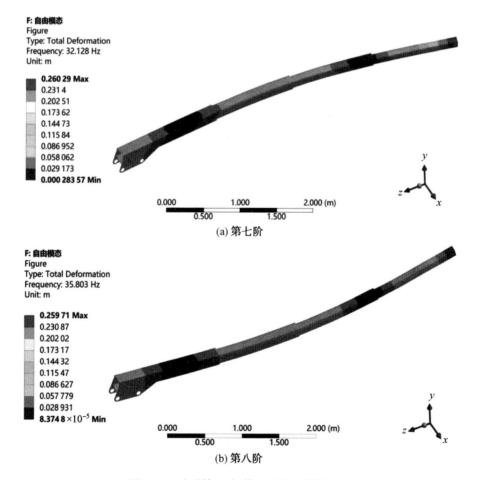

图 5.19　小臂第七阶、第八阶自由模态振型

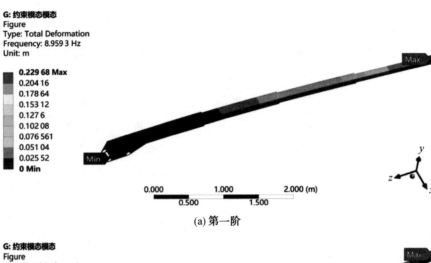

(a) 第一阶

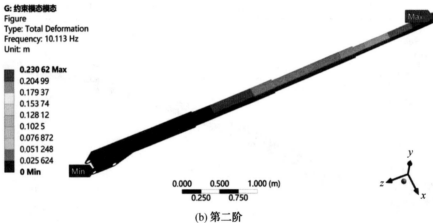

(b) 第二阶

图 5.20　小臂第一阶、第二阶约束模态振型

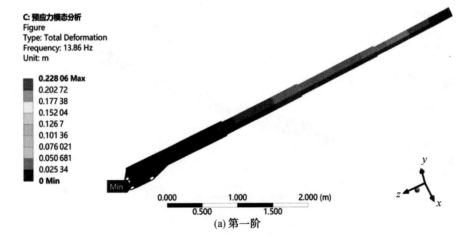

(a) 第一阶

图 5.21　小臂第一阶、第二阶预应力模态振型

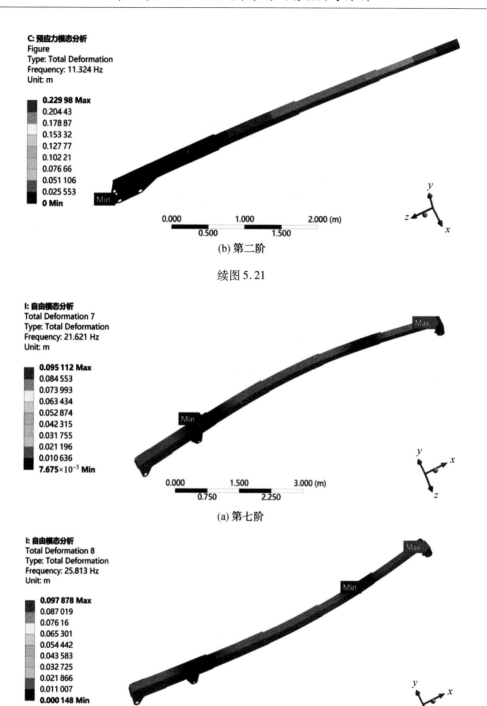

(b) 第二阶

续图 5.21

(a) 第七阶

(b) 第八阶

图 5.22　大臂第七阶、第八阶自由模态振型

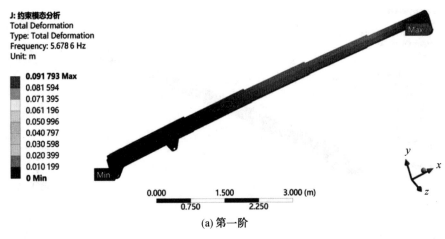

(a) 第一阶

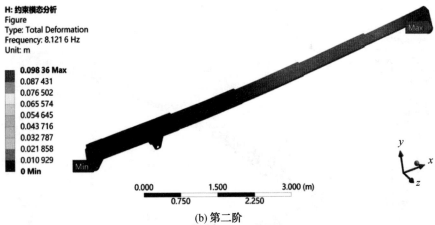

(b) 第二阶

图 5.23 大臂第一阶、第二阶约束模态振型

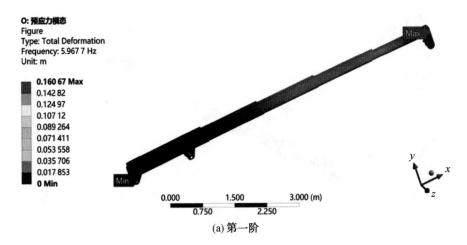

(a) 第一阶

图 5.24 大臂第一阶、第二阶预应力模态振型

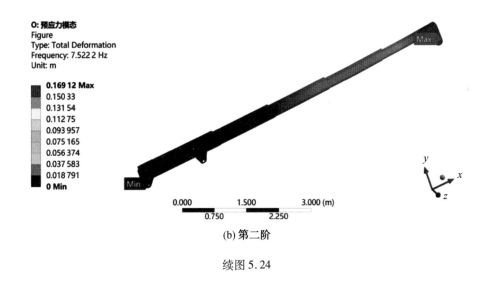

(b) 第二阶

续图 5.24

5.4.2　机构谐响应分析

谐响应分析也被称为频率响应分析或者扫频分析,用于确定结构在已知频率和幅值的正弦载荷作用下的稳态响应。它是一种时域分析,计算结构响应的时间历程,但是局限于载荷是简谐变化的情况,只计算结构的稳态受迫振动,而不考虑激励开始时的瞬态振动。谐响应分析的载荷是随时间正弦变化的简谐载荷,这种类型的载荷可以用频率和幅值来描述。振动谐响应分析的输出值一般是节点位移,也可以是导出值,如应力和应变。通过分析输出值对频率的曲线,可以得出峰值响应频率和响应幅值,以此作为结构振动机理分析的依据。谐响应分析是以模态分析得到的固有频率和模态振型为基础,固有频率和模态振型是结构自身的固有特性。对结构进行模态分析的目的是得到各阶模态振型和固有频率。可以通过模态分析来初步预测在谐振频率下,结构受到外部或内部振动作用下产生的实际振动响应。而谐响应分析的目的是得到结构在强迫激励下的振动情况。

重物起升和下放以及小臂载人工作时,载荷并不平稳。由于地面情况复杂,在行进过程中存在路面不平整问题,使得结构受到地面影响,也会导致吊臂承受低频振动载荷。为研究结构在振动载荷作用下的动态响应,谐响应分析用于确定线性结构在承受随时间按简谐规律变化的载荷时的稳态响应,计算结构的稳态受迫振动,计算出结构在不同频率下的响应值对频率的曲线。由于结构承受载荷为低频载荷,因此激振频率范围选择为 $0 \sim 20$ Hz,研究大臂以及小臂的某些部件在不同频率载荷作用下的变形和应力。小臂部件在 x、y、z 方向上的位移分量以及总位移如图 5.25 所示,在 x、y、z 方向上的应力分量以及总应力如图 5.26 所示。大臂部件在 x、y、z 方向上的位移分量以及总位移如图 5.27 所示,在 x、y、z 方向上的应力分量以及总应力如图 5.28 所示。

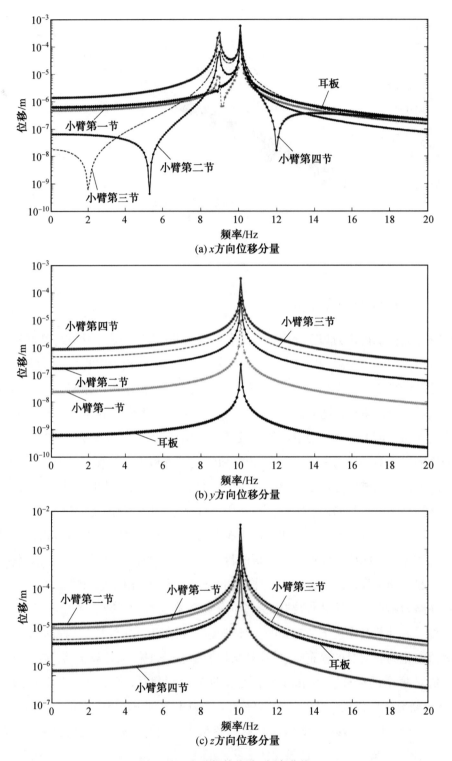

(a) x方向位移分量

(b) y方向位移分量

(c) z方向位移分量

图 5.25　小臂部件位移-频率曲线

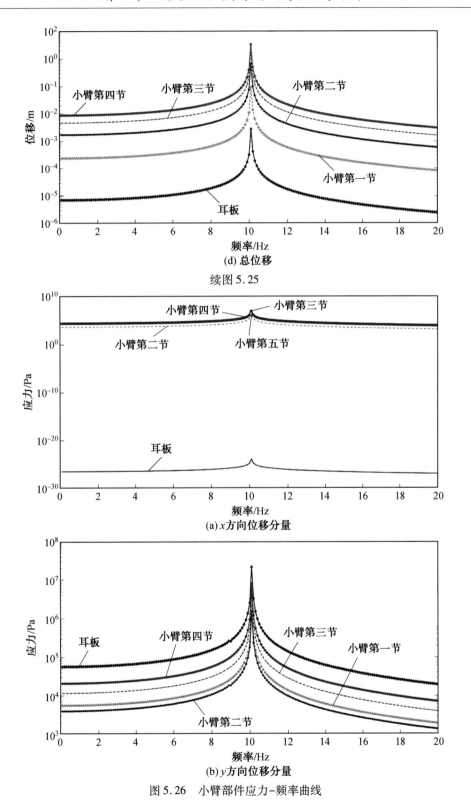

(d) 总位移

续图 5.25

(a) x 方向位移分量

(b) y 方向位移分量

图 5.26　小臂部件应力–频率曲线

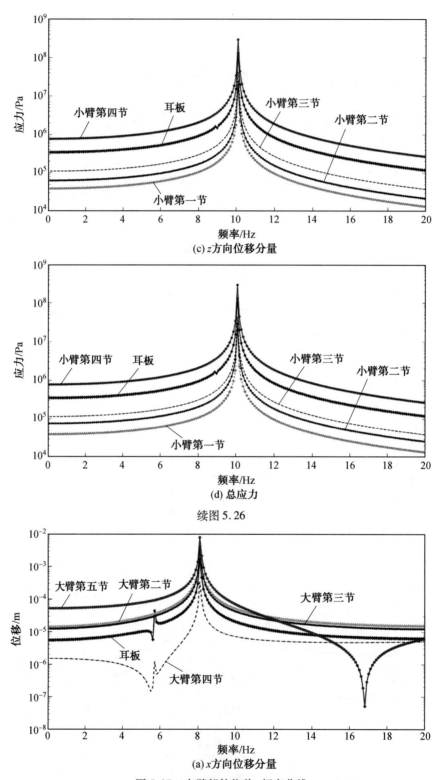

(c) z方向位移分量

(d) 总应力

续图 5.26

(a) x方向位移分量

图 5.27 大臂部件位移–频率曲线

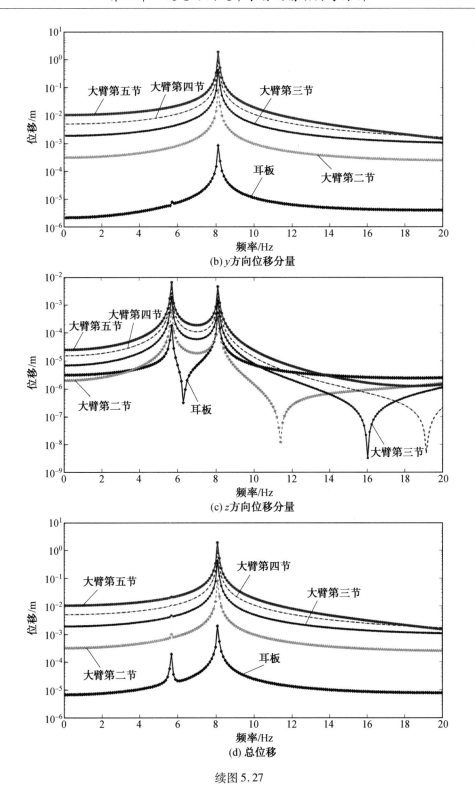

(b) y 方向位移分量

(c) z 方向位移分量

(d) 总位移

续图 5.27

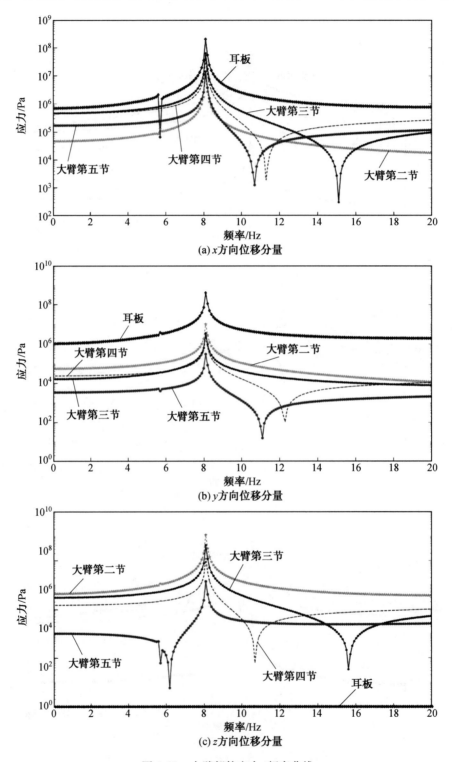

(a) x方向位移分量

(b) y方向位移分量

(c) z方向位移分量

图5.28　大臂部件应力-频率曲线

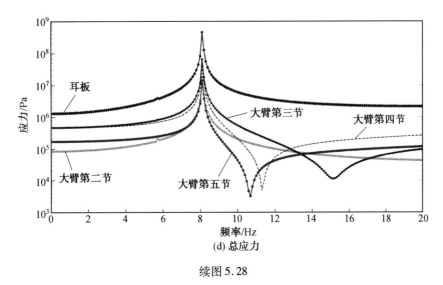

(d) 总应力

续图 5.28

　　由图 5.25 可知,小臂结构的 y 方向为其主要的变形方向,最大变形结构为第四节臂,其次为第三节臂。由图 5.26 可知,小臂耳板在 x 方向上应力较小,在 y 方向上应力较大,最大应力结构为第四节臂,其次为耳板,在结构优化和材料选择时应重点注意耳板和第四节。当激振频率为 10.1 Hz 时,小臂位移以及应力云图如图 5.29 所示,小臂结构各部分都出现较大的变形和应力。综上所述,小臂结构共振频率带为 10.1 Hz 左右。

　　同样地,由图 5.27 可知,大臂结构 y 方向为其主要的变形方向,最大变形结构为第五节臂,其次为第四节臂。由图5.28可知,大臂耳板在 z 方向上应力较小,最大应力结构为耳板,其次为第三节臂。因此,在大臂结构优化和材料选择时应重点注意耳板和第三节臂。当激振频率为 10.1 Hz 时,小臂位移以及应力云图如图 5.30 所示,大臂结构各部分都出现较大的变形和应力。综上所述,大臂结构共振频率带为 8.2 Hz 左右。因此,吊臂结构应该避免在共振频率附近工作以确保结构稳定可靠。

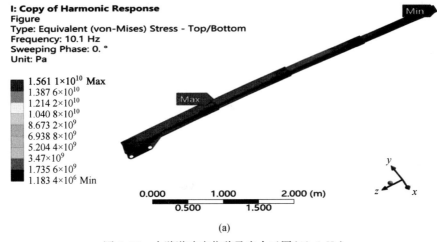

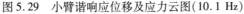

(a)

图 5.29　小臂谐响应位移及应力云图(10.1 Hz)

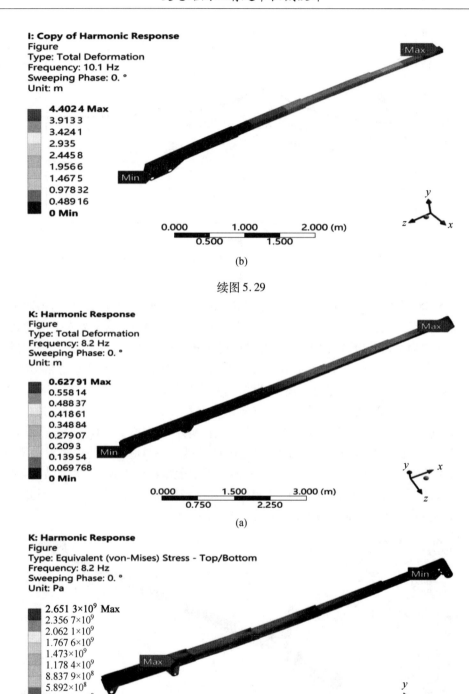

续图 5.29

(b)

(a)

(b)

图 5.30　大臂谐响应位移及应力云图(8.2 Hz)

5.5　本章小结

　　本章介绍了变电站用起吊装备的静动力学分析软件以及机构的几何建模,对起吊装备的吊物大臂、载人小臂、支架和支腿进行了静力学分析,并完成了起吊装备机构的模态分析和谐响应分析。

第6章 变电站用起吊装备电气系统设计

6.1 概 述

电气控制系统是起重机的重要组成部分,它的主要作用是实现起重机各种工况下的动作控制及安全监控。它虽然不能直接决定起重机的工作性能,但对起重机的使用性能、安全性、操控性和市场竞争力等很多方面有重要影响。随着机械配套部件、液压系统和电子信息等技术的飞速发展,对起重机电气控制系统的设计提出了更高要求。

起重机电气控制系统的发展,经历了以下三个阶段。

(1)液压比例先导控制系统:电气控制系统通过继电器等基本动作元件实现简单的逻辑控制,主要动作还是靠液压控制,此方案电气线路复杂,动作元件较多,在系统发生故障时,查找困难,维修麻烦。

(2)电液比例先导控制系统:电气控制系统主要采用模拟放大电路,配合有可编程功能的单片机控制模块,虽可实现部分功能,但程序编写烦琐,控制功能有限。

(3)可编程控制器(PLC)控制系统:监测设备元件(包括人机界面、手柄、传感器等)向控制器输入机构和液压系统所需的模拟量和开关量信号,控制器按照电气控制逻辑进行软件数据处理后,直接把模拟量及开关量控制信号输出到各个执行机构和液压系统,通过执行部件完成整车的动作控制。

第一种、第二种电气系统控制濒临淘汰,第三种全电控产品应用范围越来越大,但是,国产起重机的电气系统与进口产品相比在技术水平和可靠性等方面还有一定差距。而电气系统是起重机特别是大吨位起重机的核心控制系统,关系到设备安全、核心技术、设计成本等重要方面,因此加速推动大吨位起重机电气系统的国产化发展进程有着重要的理论和现实意义。目前国内中联重科2012年5月下线3 200 t全球最大起重机,三一、徐工也下线千吨级起重机,电气控制技术水平也得到了进一步的发展。

起重机电气系统具体要实现的功能包括:

(1)设计起重机行走、吊塔旋转、吊臂伸缩及吊钩升降等机构电气控制系统(包括主电路及控制系统)。

(2)要求吊钩升降机构有升降两个挡位。吊钩起升需要有高速和低速两个挡位,吊钩下降也需要高速和低速两个挡位。

(3)要求主电路有过电流保护功能,运行中当电机运行电流大于额定电流的1.1倍且持续时间达1分钟则产生过流跳闸并产生声光报警信号。

(4)要求设计主电机短路保护并产生声光报警信号。

6.2　电气系统基本原理

如图 6.1 所示为起重机电气系统设计图。其核心为可编程的微控制器和人机界面（HMI）。系统中的开关按钮等部件提供开关量信号,各种信号传感器等提供模拟量信号,分别通过开关量及模拟量输入口输入控制器。各控制器经过内部计算处理后,通过输出口控制液压系统中的比例电磁阀、开关电磁阀来控制液压系统的动作,并通过 CAN 总线向显示器输出相关操作信息。操作者通过人机界面的显示屏幕查看起重机的各项工作参数,并可根据显示屏幕上的显示菜单配合按键来设定起重机的工作参数。

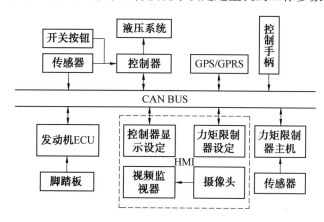

图 6.1　起重机电气系统设计图

6.2.1　硬件设计

输入设备主要由操作手柄和脚踏板组成,动作操作信号通过 CAN 总线把数据发送到控制器上,经过数据处理后实现对整车的回转、变幅、起升、行走等基本动作的控制,并把操作手柄各种按钮设置成各种锁定按钮、喇叭按钮等,从而提高操作的安全性和舒适性。

传感器元件主要包括现场采集实时参数(如风速、液位、水平等)的传感器,然后将其转换成一个 $0 \sim 5$ V 的电压信号或者 $4 \sim 20$ mA 的电流信号后进行数模转换,再传到控制器中,控制器把处理过的信号通过 CAN 总线发送到显示器,再用虚拟仪表显示出来,使各种工作数据一目了然,实现了良好的人机界面。

6.2.2　动力系统设计

动力由一台柴油发动机提供,发动机本身自带发电机,运行中能提供本机的工作电源,并向蓄电池补充充电。司机室操作台设有一个钥匙开关,控制系统的电工作。发动机采用梅赛德斯－奔驰柴油机,额定转速 2 100 r/min、额定功率 205 kW、最大扭矩 1 100 N·m,最大扭矩转速 1 600 r/min,利用产生的机械能带动泵,提供压力油,并最终转换为液压能,为整车的液压系统提供强劲动力,完成起升、变幅及行走动作。发动机利用 ECU,通过 SAEJ1939 协议把一些相关发动机运行参数发送给控制器,由人机界面监控。

6.2.3 液压系统设计

起重机主控制器控制液压系统完成整车的动作控制,通过编程由控制器发出信号操作开关电磁阀来控制油路开启,使马达、油缸等工作机构进行起升、回转、变幅、行走等动作,并接收力矩限制器系统发出的安全报警信号进行动作保护控制,停止相应的危险动作,并通过 CAN 总线将各类信息发送至显示器声光显示以供操作人员判断。

主要控制动作如下:

(1)控制开关电磁阀,由按钮和继电器等信号来控制电磁阀工作。例如启动液压系统散热风扇、操纵支腿和履带伸缩油缸,完成履带安装,A 型架安装,升、降动作,触发合路,1、2 号主泵合并排量,回转动作,主钩上升,变幅上升,自由滑转等功能。

(2)电比例控制。整车的主要动作(包括 3 种,即卷扬、行走、回转等)均采用电比例控制,采用力士乐的比例阀,取消了全部的液压先导油路控制方式,这样大大提高了液压系统的精确度,从而实现了液压系统的"无级调速"。例如当使用臂杆 40 m 以上比较长的工况时,在回转时如果动作控制不稳定非常容易出现臂架剧烈晃动的现象,这样非常危险并且会影响正常使用,而在电比例控制的车上回转会非常平稳,并且速度由慢至快,适于控制。

6.2.4 安全监控系统设计

起重机的力矩限制器是系统安全监控的中心,用来保护起重机在正常工作范围内工作的极限限位装置。主要由力矩限制器主机、角度传感器和力传感器等构成。力矩限制器是通过接收显示器发出的工况状态及采集实时相关数据,包括主臂臂长、副臂臂长、主臂角度、工作幅度、最大起升高度、额定载荷、实际载荷、工况代码、钢丝绳倍率等,根据相关的几何尺寸及臂杆质量等参数,可计算实际起重量,与相应的起重特性曲线数据做比较,完成力矩限制功能。当起重机达到当前额定力矩的 90% 左右时,力矩限制器将会通过 CAN 总线向控制器发出预警信号,提示操作人员进行安全方向操作。一旦起重机超载运行,力矩限制器将会发出报警信号,通知控制器制止起重机的危险动作,防止起重机倾翻。同时力矩限制器主机需要具备黑匣子功能,在发生超载时将当前工况下的信息保存起来。

例如:当出现危险情况时,首先是遵循 CAN-OPEN 协议,将控制信号发送到 CAN 总线,显示器发出声光报警,直接输出硬件控制信号或者向主控制器输出紧急信号以停止危险的起重机动作,用来保护起重机的安全作业。

6.2.5 数据显示及人机交互系统设计

国产起重机大多采用点阵型 LCD 作为显示器,这种显示器价格低廉、简单易用,一般内置字库,编程也比较方便,在小吨位起重机上应用较好。随着大吨位起重机的兴起,在同一屏幕上需要显示的内容逐渐增多,界面要求更高。这时采用成品显示器是一个不错的选择。目前在工程机械车辆上使用比较多的有派芬的 ST 系列显示器和派恩的 SPN 系列显示器,这两种显示器都非常精良,防护特性和电气特性都满足要求。把所有的作业信号采用分屏的方式都显现在显示器上,显示器通过接收控制器发送的各项系统参数,以虚拟仪表的形式进行集中显示、文本显示,实现了良好的人机对话及系统状态监控;采用智能诊断故障检测技术,把控制器发出的一系列的智能故障判断信号,在显示器上进行声光报警提示,方便故障的发现及检测,提高了设备工作效率;通过 CAN 总线向控制器发送系列参数(如工况、动作操作等),既方便调试修改参数,又节省调试时间,缩短开发周期。

具体显示信号如下。

(1)起重机作业信号:包括载荷、作业幅度、角度、起升高度、吊臂长度、倍率和高度限位检测、A 型架到位检测、风速检测、回转锁定检测等。

(2)限动保护执行机构、警示灯:包括限动执行信号、起重机出限警示、航空障碍灯以及自动跳出起重机安全保护系统界面。

(3)发动机、液压系统运行参数:包括发动机转速、机油压力、液压油压等。

6.3　电气系统关键技术

6.3.1　CAN 总线技术

CAN,即控制器局域网,全称为"Controller Area Network",是国际上应用最广泛的现场总线之一。最初出现在 20 世纪 80 年代末的汽车工业中,最先由德国 Bosch 公司提出,CAN 被设计为汽车中的微控制器通信网络,用于车载各电子控制装置与 ECU 之间交换信息,形成汽车电子控制网络。例如:发动机管理系统、变速箱控制器、仪表装备、电子主干系统。

(1)一个由 CAN 总线构成的单一网络中,理论上可以挂接无数个节点,即无数台设备。但实际应用中,因网络硬件的电气特性限制节点数目有限。CAN 可提供高达1 MB/s 的数据传输速率,通信距离最远可达 1 万米,这使实时控制变得非常容易,硬件的错误检定特性增强了 CAN 的抗电磁干扰能力。近年来,CAN 总线因为具有实时性和可靠性高、灵活性强、成本低等优点,在汽车工业、工程机械工业、航空工业、工业控制、安全防护等领域中均得到了广泛应用。

CAN 总线特点概括如下:

①CAN 总线为多主工作方式,网络上的任意节点都可以在任意时刻主动地向其他节点发送信息,方式灵活,不分主从。

②CAN 总线网络节点可以自主安排优先级顺序,以满足和协调各自不同的实时性要求。

③总线仲裁技术采用独立请求方式,当多点同时发送信息时,按优先级顺序通信,节省总线通信中冲突仲裁时间,避免网络瘫痪。

④可以进行点对点、单点对多点和全域广播方式传递信息。

⑤通信速率最高可达 1 MB/s(40 m 以内),最长传递距离达 10 km(速率为 5 KB/s 以下)。

⑥网络节点目前可达 110 个,报文标识符 2 032 种(CAN2.0A),扩展标准(CAN2.0B)中报文标识符不受限制。

⑦采用短帧数据结构,每一帧的有效字节数为 8 个,传输时间短,抗干扰能力强,检错

效果非常好。

⑧通信介质可以用同轴电缆、双绞线或光纤。

⑨网络节点在严重错误情况下可以自动关闭输出功能,脱离网络。

⑩实现了标准化、规范化(国际标准 ISO11898)。

(2)CAN 总线技术规范。

如图6.2所示为 CAN 协议的分层结构,它根据开放系统互联模型(OSI)制定,采用了七层模型的物理层和数据链路层。

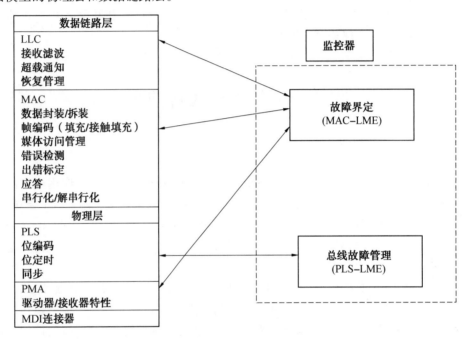

图6.2　CAN 协议的分层结构

①物理层。物理层的作用是在不同节点之间根据所有的电气属性进行位的实际传输。它定义信号怎样进行发送,涉及位定时、位编码及同步的描述。物理层划分:第一层物理信令(PLS—Physical Signaling):实现与位表示、定时和同步相关的功能;第二层物理媒体附件(PMA—Physical Medium Attachment):用于实现总线发送和接收功能的电路,并可提供总线故障监测方法;第三层媒体相关接口(MDI—Medium Dependent Interface):实现媒体和 MAC 之间机械和电气间的接口。

②数据链路层。数据链路层分为逻辑链路控制(LLC—Logic Link Control)与媒体访问控制(MAC—Medium Access Control)两层。第一层 LLC 子层主要负责报文滤波、过载通知以及恢复管理。第二层 MAC 子层是 CAN 协议的核心,它描述由 LLC 层接收到的报文和对 LLC 子层发送的认可报文。根据功能可以把 MAC 划分完全独立工作的发送部分和接收部分两个部分,即 MAC 子层可响应报文帧、仲裁、应答、错误检测和标定。所以 MAC 又被称为"故障界定实体"的一个管理实体监控,具有永久性故障或短暂性扰动故障的自监测机制。

6.3.2　RC 系列控制器上的 CAN 总线

RC 控制器上的 CAN 总线使用 2.0B 通信协议,最大传输速率可达 1 MB/s,有完整的错误检查机构,提供 15 个报文对象,自动处理 CAN 帧的接收和发送,同时支持标准帧和扩展帧格式。CAN 总线结构中,有两条物理接线即 CAN-H(高)和 CAN-L(低),采用屏蔽双绞线;总线两终端应各有一个 120 Ω 的电阻,主要用来连接 CAN-L 和 CAN-H 端。

RC 控制器的每个 CAN 接口具有各自独立的 CAN 控制器,每个接口传送数据能力为:可使用 no.1～13 共 13 个数据包,no.14 数据包用于直接传送数据。每个接口接收数据能力为:扩展标识符可接收 no.1～13 共 13 个数据包,基本标识符可接收 no.15～50 共 35 个数据包。每个 RC 控制器的每个接口均可以与其他 CAN 总线或电子系统进行数据交换(如:MC、RC、手柄、显示器、比例阀、发动机等)。

6.3.3　SAE J1939 协议在发动机控制中的应用

美国汽车工程师协会(SAE)制定的 J1939 应用层通信标准协议(简称 J1939 协议),是目前在中型和重型道路车辆领域应用最为广泛的信息通信协议。它以 USB2.0B 协议为基础,并且继承了 J1587 等协议相关内容。J1939 协议为车辆上电子部件的通信以及整车网络的建立提供了一个标准的体系结构,同时促进了整车网络体系在车辆领域的发展。J1939 协议物理层标准与 ISO11898 规范兼容,采用符合该规范的 CAN 控制器和收发器,基于 OSI 七层模型原则制定相关标准,并预留相应的子标准号,方便今后扩展。当前协议主要内容包括:物理层、简化物理层、数据链路层、应用层、应用层诊断、网络层、网络管理协议。为汽车电子控制单元提供了一个开放的互联网络系统,也提供了一个标准的架构,允许电子设备通信。J1939 是当前最实用、应用最广泛的车用网络协议,它使用多路复用技术,在车辆上各传感器、执行器和控制器之间提供建立在 CAN 总线基础上的标准化网络通信,在电子装置间实现数据共享,有效减少电子线束数量,提高了车辆电子控制系统的灵活性、可维护性、可靠性及标准化程度。下面分别介绍各个子标准的主要内容。

J1939/21 以 CAN2.0B 中的(29 位标识符)扩展帧为基础,它不对 11 位标识符标准帧的使用提供进一步定义,但是标准帧也被包括进来了,保证它的使用者能够在相同的网络中共存而不冲突。J1939 帧格式与 CAN 帧的定义对应关系如表 6.1 所示。

表 6.1　J1939 帧格式与 CAN 帧的对应关系

CAN 扩展帧	SOF	11 位标识符										SRE	IDE	18 位标识符扩展																
J1939 帧	SOF	优先级 P			R	DP	PDU						SRE	IDE	PF		PDU						SA						
		3	2	1			8	7	6	5	4	3			2	1	8	7	6	5	4	3	2	1	8	7	6	5	4	3	2	1

在 J1939 协议中,千余条报文参数组主要提供三个层次的服务功能:数据链路层、网络管理层以及应用层。报文参数组中的信息用于提供应用层服务,它们几乎包括了整个汽车网络系统中所有的信号和参数信息。处理的信号主要包括发动机加速踏板位置信号、发动机冷却液温度、转速信号、发动机进气歧管空气温度、节气门开度、发动机冷却液温度、发动机冷却液压力、发动机机油温度信号、燃油剩余量信息、发动机曲轴箱压力、发动机喷油器共轨压力、发动机扭矩输出信息以及发动机配置信息等。表 6.2、6.3 所列为

电气控制中需要监控处理的报文参数组及编译后的控制参数。

表6.2　电气系统中需要控制的报文参数组

PNG	报文名称	报文是否接受	是否请求发送	发送周期	所属功能
60928	地址声明	是	是	—	网络管理
55904	请求报文	是	—	—	数据链路层
60416	连接管理	—	是	—	数据链路层
60160	数据传输	—	是	—	数据链路层
61444	发动机控制器1	—	—	50 ms	应用层
61443	发动机控制器2	—	—	0.5 s	应用层
65129	发动机温度3	—	是	0.5 s	应用层
65130	发动机燃料	—	—	0.5 s	应用层
65172	发动机冷却液	—	—	1 s	应用层
65262	发动机温度1	—	—	1 s	应用层
65188	发动机温度2	—	—	0.5 s	应用层
65243	发动机油位	—	—	1 s	应用层
65251	发动机配置	—	是	0.5 s	应用层
65263	发动机压力	—	—	0.5 s	应用层
65266	燃油经济性	—	—	100 ms	应用层
65270	进气口/排气口	—	—	0.5 s	应用层

表6.3　编译后的报文参数组

接收部分	SAE J1939	ID	字节	位	精度	范围
1	发动机3速开关	0X0C0000	2,3		0.125 r/min	0～8 031.875 r/min
2	发动机启动	0X0CEF00		3,4	2 B	0～1 B
3	启动开关切换	0X0CEF00		6,5	2 B	0～1 B
发送部分	SAE J1939	ID	字节	位	精度	范围
1	发动机故障灯	0X18FECA00	1	8,7	2 B	0～1 B
2	发动机停车灯	0X18FECA00		6,5	2 B	0～1 B
3	发动机检测灯	0X18FECA00		4,3	2 B	0～1 B
4	发动机保护灯	0X18FECA00		2,1	2 B	0～1 B
5	发动机转速	0X18F00400	4,5		0.125 r/min	0～8 031.875 r/min
6	发动机机油油位	0X18FEEF00	3		0.40%	0～100%
7	发动机机油压力	0X18FEEF00	4		4 kPa	0～1 000 kPa
8	发动机冷却液液位	0X18FEEF00	8		0.40%	0～100%
9	发动机机油温度信号	0X18FEEF00	4,3		0.031 25 ℃	−273～1 735 ℃
10	发动机冷却液温度信号	0X18FEEF00	1		1 ℃	−40～210 ℃

6.3.4　PWM接口设计

起重机采用工程机械领域经常用到的PWM驱动比例阀,博世力士乐公司的RC系列控制器均具备PWM功能,此功能可以使起重机动作精细化,而且PWM端口可以用作数字量输出,具有良好的通用性。所以本书将数字量接口设计成PWM形式,以便于日后系统升级使用。

6.4　电气系统方案设计

起重机电气系统根据设计要求需要实现的基本功能,大致可分为电动机启动、调试、电流监测、数字显示这四个模块。

6.4.1　电动机启动模块

电动机的启动方式会直接对线路的电流造成影响。三相异步电动机的启动方式有全压直接启动方式和降压启动方式两种。

全压直接启动方式控制线路简单,但异步电动机的全压启动电流一般可达到额定电流的6~7倍,当电机运行电流大于额定电流的1.1倍且持续时间达1 min则产生过流跳闸并产生声光报警信号。过大的启动电流会对电动机造成损伤,如电动机的使用寿命减少,电动机的启动转矩降低,使变压器二次电压大幅度下降,严重可导致电动机无法再次启动和运转。同时,过大的电流还会引起电源电压的波动,影响统一供电网络中其他设备的正常工作。一般电动机容量在10 kW以下者可以直接启动,10 kW以上者视情况而定。

降压启动方式主要有Y-△降压启动方式、自耦补偿降压启动方式等降压启动方式。

(1)Y-△降压启动方式。电动机的星形启动的电压和电流都是三角形启动的电压和电流的$1/\sqrt{3}$,星形启动的电流是线电流的1/3,三角形启动的电流等于线电流。所以星形启动电流是三角形启动电流的1/3。Y-△降压启动适合轻载启动或者空载启动。

(2)自耦补偿启动方式是利用自耦变压器降低到电动机定子绕组的电压,以减小启动电流。它适用于容量较大的低压电动机做减压启动用,应用比较广泛,有手动和自动控制线路。不过它体积比较大,质量也比较大,价格比较高。

(3)其他降压启动方式。包括延边三角形降压启动方式、定子串电阻降压启动方式、软启动方式,这些启动方式目前很少采用,所以本书对这些降压启动方式不再详细解释说明。

根据各机构电动机功率数据,起升和回转机构采用Y-△降压启动方式,伸缩和顶升机构采用全压直接启动方式。

6.4.2　电机调速模块

1. 串电阻调速方式

传统的调速方式采用串电阻的调速方式,这种调速方式价格便宜,但是结构复杂,控制精度低,调速范围小,效率低,故障高,能耗高,稳定性差,同时频繁切换会对调速机构的寿命产生损伤。

2. 变频调速方式

变频调速方式是通过变频器改变电源的频率来实现对电动机的调速。变频调速方式已经被广泛地运用在工业电动机的调速上。这种调速方式具有结构简单、稳定性高、调速范围宽、效率高、能耗低的优点，但是变频器价格比较高昂。

3. Y-△型调速方式

Y-△型调速方式结构简单，能耗低，价格相对便宜，无须增加额外设备，但是仅有两种调速范围，适用于不需要调整具体速度的塔式起重机设备。

起重机仅需要实现调速功能即可，对调速没有过多的要求，从能耗、效率、稳定性、价格等方面考虑，选择 Y-△型调速方式。

6.4.3　电流监测模块

要求主电路有过电流保护功能，运行中当电机运行电流大于额定电流的 1.1 倍且持续时间达 1 min 则产生过流跳闸并产生声光报警信号。

这个有两种方案：

(1)通过电流变送器将线路电路的交流电流等比转换成直流电流信号，传输给 AD 模块送入可编程控制器与预设值进行比较。优点：电流检测精准，稳定性高，可以实时显示电流数值，操作维护方便简单。缺点：成本高。

(2)通过电流互感器和整流电路将线路电路的交流电流等比转换成直流电流信号，传输给 AD 模块送入可编程控制器与预设值进行比较。优点：成本相对便宜，可以实时显示电流数值。缺点：相对电流变送器方案，操作维护复杂，稳定性差。

(3)通过电流互感器和电流继电器对线路进行保护。优点：成本最低，操作维护相对简单。缺点：不能实时显示电流数值。

起重机采用电流变送器的方案。

6.4.4　数字显示模块

实时显示电流数值，采用数码管直接显示，成本低，便于操作和维护；电脑终端监测，采用组态王软件数据显示，可以实现远程监控；采用触摸屏显示，可以实现远程监控，但是目前市面上工业级触摸屏价格还比较昂贵。

起重机采用电脑终端对线路状态进行实时显示。

6.5　电气系统主回路设计

根据起重机使用要求，主回路的电动机需要有过流、过载和短路保护的功能。要求吊钩升降机构有升降两个挡位，分别对应起升或下降的低速和高速。当电动机的运行电流大于额定电流的 1.1 倍且持续时间达 1 min 则产生过流跳闸并产生声光报警信号。要求电机短路保护并产生声光报警信号，同时能实时显示电流数值。起重机的主电路的接线图如图 6.3 所示。

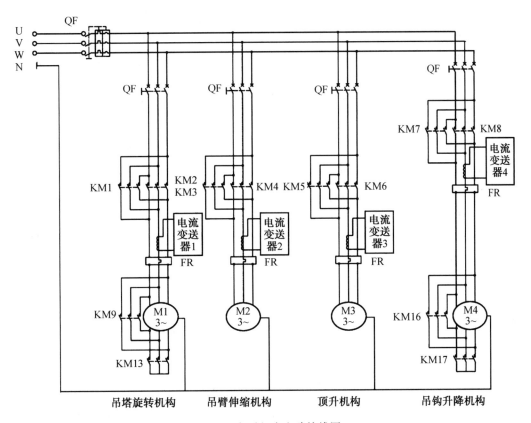

图 6.3　起重机主电路接线图

6.5.1　电气控制原理

（1）停止按钮 SB1，手动按钮开关，可控制电动机的停止运行。

（2）主交流接触器（KM1、KM2、KM3、KM4、KM5、KM6、KM7、KM8、KM12）。电动机主回路使用的接触器，启动时接触器中的电流为电动机启动电流，运行时接触器中的电流为正常的线电流。

（3）Y 型连接的交流接触器（KM13、KM17）。用于电动机启动时 Y 型连接的交流接触器，启动时通过 Y 型连接降压启动的线电流，启动结束后停止工作。

（4）△型连接的交流接触器（KM9、KM16）。用于电动机启动结束后恢复△型连接且正常运行的接触器，通过绕组正常运行的相电流。

（5）热继电器（或点击保护器 FR）。热继电器主要设置三相电动机的过负荷保护；点击保护器主要设备有三相电动机的过载保护、断相保护、短路保护和平衡保护等。

6.5.2　控制过程

1.吊塔旋转操作

按下吊塔左旋转按钮 SB2，KM1 和 KM13 接触器常开主触头闭合，电动机 M1 通电，Y

型启动吊塔左旋转并且吊塔左旋转指示灯亮起,8 s 后 KM13 断开、KM9 闭合,电动机三角形运行完成启动全过程,当其运行到最左端触碰到左限位开关 SQ9 时,KM1 接触器常开主触头断开,其电动机断电并立即停止运转;按下吊塔右旋转按钮 SB3,KM2 和 KM13 接触器常开主触头闭合,电动机 M1 通电,Y 型启动吊塔右旋转并且吊塔右旋转指示灯亮起,8 s 后 KM13 断开、KM9 闭合,电动机三角形运行完成启动全过程,当其运行到最右端触碰到右限位开关 SQ10 时,KM2 接触器常开主触头断开,电动机断电并立即停止运转。

2. 吊臂操作

吊臂旋转操作:按下吊臂伸出按钮 SB4,KM3 接触器常开主触头闭合,电动机 M1 通电,吊臂伸出并且吊臂伸出指示灯亮起,完成启动全过程,当其运行到最末端触碰到末限位开关 SQ11 时,KM4 接触器常开主触头断开其电动机断电并立即停止运转;按下吊臂缩回按钮 SB5,KM4 接触器常开主触头闭合,电动机 M2 通电,吊臂缩回并且吊臂缩回指示灯亮起,完成启动全过程,当其运行到最末端触碰到末限位开关 SQ12 时,KM4 接触器常开主触头断开,其电动机断电并立即停止运转。

3. 吊钩操作

吊钩旋转操作:按下吊钩上升按钮 SB6,KM7 和 KM17 接触器常开主触头闭合,电动机 M1 通电,Y 型启动吊钩上升并且吊钩上升指示灯亮起,8 s 后 KM17 断开、KM16 闭合,电动机三角形运行完成启动全过程,当其运行到最末端触碰到末限位开关 SQ13 时,KM8 接触器常开主触头断开,其电动机断电并立即停止运转;按下吊钩下降按钮 SB7,KM8 和 KM17 接触器常开主触头闭合,电动机 M2 通电,Y 型启动吊钩下降并且吊钩下降指示灯亮起,8 s 后 KM17 断开、KM16 闭合,电动机三角形运行完成启动全过程,当其运行到最末端触碰到末限位开关 SQ14,KM8 接触器常开主触头断开,其电动机断电并立即停止运转。按下吊钩高速按钮 SB8,吊钩起升挡位切换为高速状态并且高速运行指示灯亮起,启动的默认状态为低速。

4. 顶升操作

顶升旋转操作:按下顶升上升按钮 SB9,KM5 接触器常开主触头闭合,电动机 M1 通电,顶升上升并且顶升上升指示灯亮起,完成启动全过程,当其运行到最末端触碰到末限位开关 SQ15 时,KM6 接触器常开主触头断开,其电动机断电并立即停止运转;按下顶升下降按钮 SB10,KM6 接触器常开主触头闭合,电动机 M3 通电,顶升下降并且顶升下降指示灯亮起,完成启动全过程,当其运行到最末端触碰到末限位开关 SQ16 时,KM6 接触器常开主触头断开,其电动机断电并立即停止运转。

5. 故障指示

当相应线路出现短路时,短路指示灯亮起;当相应线路出现过留时,过流指示灯亮起。

6.6 电气保护系统设计

要求主电路有过电流保护功能,运行中当电机运行电流大于额定电流的 1.1 倍且持

续时间达 1 min 则产生过流跳闸并产生声光报警信号。要求设计主电机短路保护并产生
声光报警信号。过流和短路保护电气线路都由低压断路器和接触器构成保护,控制线路
均由可编程控制器控制接触器线圈来实现电气线路的通断。主线路的接线图如
图 6.4(a)所示,可编程控制器线路接线如图 6.4(b)所示。

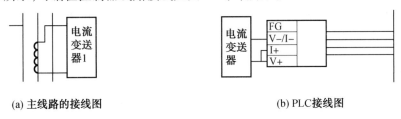

(a) 主线路的接线图   (b) PLC接线图

图6.4 电流变送器接线示意图

1. 过流保护

电流变送器将被测主回路交流电流线性等比转换成 4 ~ 20 mA 的直流信号,送入 AD
模块,AD 模块将模拟信号转换成数字信号,送入到可编程控制器,可编程控制器进行
内部计算和比较,比较结果大于预设值(额定电流的 1.1 倍)且定时器计时超过 1 min 则
使主回路接触器的线圈失电,主回路交流接触器的主触头断开,电动机停止运转,并产生
声光报警信号。

2. 短路保护

当主回路发生短路情况时,低压断路器断开,线路电流为零,电流变送器将被测主回
路交流电流线性等比转换成 4 ~ 20 mA 的直流信号,送入 AD 模块,AD 模块把模拟量转化
成数字量后在可编程控制器内与预设值比较,比较结果等于预设值则使主回路接触器的
线圈失电,主回路交流接触器的主触头断开,并产生声光报警信号。

3. 限位保护

当起重机的电动机运行到最顶端限位部分触碰到限位开关,限位开关动作,将信号传
输给可编程控制器,可编程控制器停止该电动机的运转,并在显示监控设备中显示电动机
停止的原因,在当前情况下,控制系统仅允许电动机反向运转或者其他电动机的运转。

4. 联锁保护

同一线路的电动机的正反转和星三角同时接通时会发生短路现象,对设备造成损伤。
所以在硬件设计和软件设计中均设计了联锁保护。硬件设计中的联锁保护,接触器采用
的是 3 个常开主触头和 1 个常闭主触头,将常闭主触头串联到另一个接触器的线圈中。
在软件设计中,在接通另一个接触器的线圈之前,必须先断开第一个接触器的线圈。

6.7 电气控制系统设计

为了提高起重机的稳定性,降低故障率,减小控制系统空间和简化外部设备的输入和
输出的部分。以可编程控制器为核心的控制系统,通过可编程控制器的程序来控制电气

系统的工作,主要原因是可编程控制器有足够多的内部软继电器和其他特殊功能,可以在不增加外部设备的情况下,实现对电气系统的复杂控制,满足课题要求。可编程控制器操作信号的输出实现对线路的控制,电动机运转按钮的输入,限位开关的输入,模数转换模块数字信号的输入等,实现了对线路的监测和控制,输入信号经过可编程控制器,在其内部进行数据读取和运算,对其电气系统进行故障诊断,一旦检测出线路发生故障,立即做出停止运行的动作,同时发出声光报警信号。

6.7.1 可编程控制器程序流程

可编程控制器程序流程图说明:当起重机满足启动条件的时候,可编程控制器开始运转,启动时先检测线路的故障,如过流和短路的情况,当线路启动时存在过流和短路保护,直接进入故障信号显示部分,调用故障显示程序。当线路不存在故障的情况下,可以运行起重机的正常工作任务。在收到起升运行信号的情况下,调用起升运行程序,开始运行起升任务。在收到回旋运行信号的情况下,调用回旋运行程序,开始运行回旋任务。在收到伸缩运行信号的情况下,调用伸缩运行程序,开始运行伸缩任务。在收到顶升运行信号的情况下,调用顶升运行程序,开始运行顶升任务。可编程控制器程序流程图如图6.5所示。

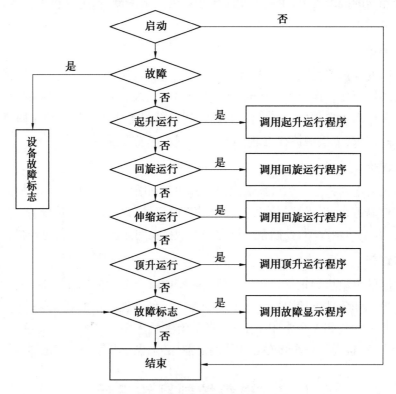

图6.5　可编程控制器程序流程图

6.7.2　电动正反转程序部分

X003 为停止输入口,X001 为吊臂输入口,若 X001 输入口接通则电动机(Y036 输出口)运转并自锁,X002 和 Y036 对其互锁防止电动机的正方转,同时接通导致电路短路损坏设备。179 段程序将 X015 输入口的高速和低速的切换集成在一个输入口中,这里就运用到了比较的程序 CMP。若计数器为 0 则为低速,为 1 则为高速。吊钩启动时默认低速运行,防止启动的时候电动机运转过快导致设备损坏和人员损伤,给工作人员留足一定的反应时间。电动机的正反转程序的梯形图如图 6.6 所示。

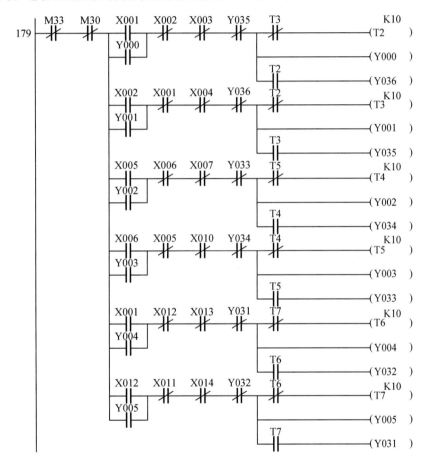

图 6.6　电动正反转梯形图

6.7.3　模数转换部分

模数转换模块为 4 通道 12 位模数,它可以将模拟电压或电流转换为最大分辨率为 12 位的数字量,并以二进制补码方式存入内部 16 位缓冲寄存器中,通过扩展总线与 FX,基本单元进行数据交换,常用转换模块 FX_{2N}–4AD 的技术指标如表 6.4 所示。

表 6.4 技术指标

项目	电压输入	电压输出
	4 通道模拟量电压或电流的输入,可通过对其输入端子的选择实现	
模拟量输入范围	$-10 \sim 10$ V	$-20 \sim 20$ mA
数字输出范围	12 位转换结果,以 16 位二进制补码方式存储, 其输出范围为:$-2\ 048 \sim +2\ 047$	
分辨率	5 mV	20 μA
综合精度	±1%	±1%
转换速度	15 ms/通道(常速),6 ms/通道(高速)	
外接输入电源	24(1±10%)V,55 mA,可由可编程控制器 基本单元或扩展单元内部供电:5 V,30 mA	
模拟最用电	$-10 \sim 10$ V	$-20 \sim 10$ mA
隔离方式	模拟和数字之间为光耦隔离:4 个模拟通道之间没有隔离	

FX$_{2N}$-4AD 通过 FROM 和 TO 指令把可编程控制器基本单元进行数据交换。FX$_{2N}$-4AD 与可编程控制器基本单元连接的位置,编号为 0 号,计算数的采样次数设为 4,并且由可编程控制器的数据寄存器 D0、D1、D2、D3 接受该平均值。模数转换模块采集程序的梯形图如图 6.7 所示。

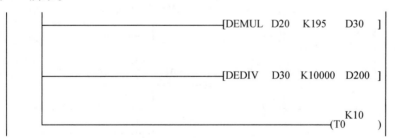

图 6.7 模数转换模块采集程序梯形图

6.8 本章小结

电气控制系统作为起重机的重要机构之一,其操控性能、安全性能的优劣成为起重机整机性能优劣的重要指标。通过对电气系统各项功能的全面分析,可以在设计之中查找出不足之处,并及时进行完善和优化,以期更好地达到实用目的。

第7章 变电站用起吊装备检验规范

7.1 概 述

起重机的检验分出厂检验和型式检验。对于出厂检验,每台起重机应经制造厂质量检验部门检验合格后方可出厂且附有质量检验部门签发的产品合格证。而型式检验的装备需要满足以下要求之一:

(1)新产品或老产品转厂生产的试制定型时。

(2)产品停产三年后恢复生产时。

(3)正式生产后,如工艺和材料有较大改变,可能影响产品性能时。

(4)出厂检验与上次定型检验有重大差异时。

(5)国家质量监督机构提出进行型式检验要求时。

两种检验类型测试项目见表7.1。

表7.1 检验项目表

名称	测试项目	出厂检验			出厂检验		
		试验	测定	目测	试验	测定	目测
准备性检验	上车部分			○			○
	底盘部分			○			○
	水平仪、仰角指示器和幅度限位器	○			○		
	力矩限制器	○			○		
	起重量限制器	○			○		
	防飞溅系统			○			○
	安全监控管理系统	○			○		
几何参数测量	最长主臂长度和最长副臂长度		○				○
	最长主臂最大起升高度		○				○
	总长(L/L')、总宽(B_2)和总高(H)						○
	履带长度(L_3)						○
	履带接地长度(L_4)						○
	履带宽度(B_1)						○
	履带高度(H_1)						○
	两履带总宽(伸/缩)(B_2/B)						○

续表7.1

名称	测试项目	出厂检验			出厂检验		
		试验	测定	目测	试验	测定	目测
行驶性能试验	车速表检查	○			○		
	行驶试验	○			○		
	制动性能试验				○		
	最高车速测量				○		
	最低稳定车速测量				○		
	加速性能试验				○		
	爬陡坡试验				○		
	行走性能试验				○		
	侧倾稳定性试验				○		
作业参数测定	起升、下降速度				○		
	回转速度				○		
	变幅时间				○		
	主臂伸、缩时间				○		
	活动支腿收放时间				○		
承载性能试验	空载试验	○			○		
	额定载荷试验	○			○		
	动载荷试验	○			○		
	带载行走试验	○			○		
	静载荷试验	○			○		
其他试验	密封性能试验				○		
	支承接地比压测定				○		
	液压系统试验				○		
	排气烟度测量				○		
	结构试验				○		

7.2 准备性检验

7.2.1 上车部分

起重机应检查下列项目：

(1)整机不应出现渗漏和表面质量缺陷。

（2）保护装置的安装位置和功能。

（3）所有液压和气压元件、管路外观及其工作状态。

（4）所有液压和气压元件的安装、操作手柄和踏板等的操作性能。

（5）压力传感器安装所对应的量程。

（6）电气线路及元器件安装的正确性和可靠性。

（7）吊钩及连接件的可靠性,钢丝绳、滑轮均不应有缺陷。

（8）冷却水、液压油和燃油的数量等。

（9）危险部位及标志应符合 GB/T 15052 的规定。

（10）吊钩标记应符合 GB/T 10051.1 ~ GB/T 10051.5 的规定。

（11）钢丝绳防脱装置应能有效防止钢丝绳脱落。

（12）起升高度大于 50 m 的起重机应安装风速仪,即时风速参数应能显示在控制装置中。

（13）压力表的精度不低于 1.5 级。

7.2.2　底盘部分

起重机应检查下列所有项目:

（1）整车标志、车身反光标志和安全防护装置等应符合 GB 7258 的规定。

（2）照明及信号装置的数量、位置和光色应符合 GB 4785 的规定。

（3）后视镜的安装应符合 GB 15084 的规定。

（4）车用安全玻璃、汽车轮胎等国家规定的强制性认证部件应具有认证标志。

（5）号牌板的形状、尺寸、位置及强度要求应符合 GB 15741 的规定。

（6）操纵件、指示器和信号装置的图形符号应符合 GB 4094 的规定。

7.2.3　仪器仪表检验

1.水平仪、仰角指示器和幅度限位器

在空载试验工况时,对水平仪、仰角指示器和幅度限位器应进行调整或试验。

（1）臂架全缩、以转台回转平面为基准调整水平仪的归零状态,误差不大于 3%,然后将水平仪牢靠地锁定在关联部位。

（2）臂架全缩,以水平仪归零状态为基准调整基本臂为水平状态,调定角度传感器归零状态,误差不大于 1°。

（3）臂架全缩和最大仰角,起升机构以中速起升吊钩,当吊钩触及起升高度限位器时,起升高度限位器应发出报警信号并切断起升机构向危险方向运行的动作。

（4）臂架全伸和最大仰角,起升机构以中速下降吊钩,当起升机构触及下降深度限位器时,下降深度限位器应发出报警信号并切断起升机构向危险方向运行的动作。

（5）臂架从最小仰角逐渐变幅到最大仰角。当仰角达到仰角限值的 90% ~ 100% 时,幅度限位器应发出清晰的声或光的持续预警信号;当仰角超过仰角限值的 100% 时,幅度限位器应发出明显区别于预警信号且清晰的声或光的报警信号,并切断变幅机构向危险方向运行的动作。

2. 力矩限制器

在额定载荷试验工况,对力矩限制器进行试验。

起重机分别在基本臂、中长臂和最长臂的工况下,吊钩先起吊相应额定起重量80%的试验载荷,然后逐步增加到100%的试验载荷。

当实际起重力矩达到相应工况下额定起重力矩值的90%～100%时,力矩限制器应发出清晰的声或光的持续预警信号;当实际起重力矩超过相应工况下额定起重力矩值的100%时,力矩限制器应发出明显区别于预警信号且清晰的声或光的报警信号,并切断向危险方向运动的各项动作。

3. 起重量限制器

在额定载荷试验工况下,对起重量限制器进行试验。

起重机分别在基本臂、中长臂和最长臂的工况下,先起吊相应额定起重量80%的试验载荷,然后逐步增加到100%的试验载荷。

当起重量达到相应工况额定起重量的90%～100%时,起重量限制器应发出清晰的声或光的持续预警信号;当起重量超过相应工况额定起重量的100%时,起重量限制器应发出明显区别于预警信号且清晰的声或光的报警信号,并切断向危险方向运动的各项动作。

7.2.4 防飞溅系统

按规定计算的平均集水率不得小于85%。如果本轮试验中单次试验的集水率最大值和最小值与平均集水率的差值超过5%,应重新进行试验。在第二轮试验时,单次试验的集水率最大值和最小值与平均集水率的差值超过5%,且两轮试验任平均集水率较小值不满足要求时,判定样件不合格。当装置的垂直位置影响测试结果时,应在获得最高和最低百分比的位置重复试验步骤,测试结果应满足相应要求。依据上述两个位置试验结果计算的平均集水率应满足相应要求,其试验设备如图7.1所示。

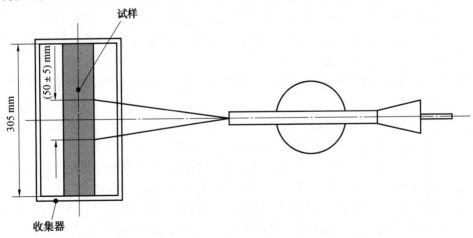

图7.1 防飞溅装置试验设备

7.2.5　安全监控管理系统

系统的检验应验证其是否能真实、有效、实时地反映起重机械工作时的运行状况,并能对这些状况和司机的操作指令进行实时监控、记录及历史回放,其结构模式如图7.2所示。

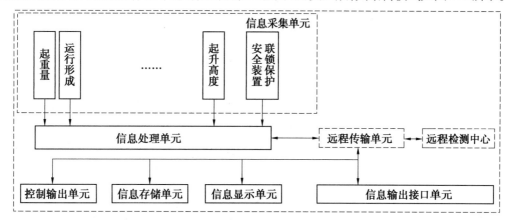

图7.2　起重机安全监控管理系统结构模式

检查系统应包含信号采集单元、信号处理单元,控制输出单元、信息存储单元、信息显示单元、信息输出接口单元等硬件设施。系统的检验项目见表7.2。

表7.2　系统检验项目

检验项目	检验参数	试验方法
监控参数验证	起重量综合误差	载荷试验不少于三次,且试验载荷不低于80%的额定起重量。100%额定起重量作为必测点,其他两点在80%额定起重量与100%额定起重量之间任意选取,计算测量值与实际值的相对误差
	起重力矩综合误差	在力矩曲线范围内选能代表几种力矩变化特性的三点作为检测点,计算测量值与实际值的相对误差
	起升高度/下降深度	检查系统实时记录并显示吊具起升高度和下降深度,并验证数值
	运行行程	检查系统实时记录并显示小车运行、大车运行等运行行程,并验证数值
	幅度综合误差	空载状态下,取最大工作幅度的30%(R0.3)、60%(R0.6)、90%(R0.9),变幅机构在取点附近测定实际幅度R0.3a、R0.6a、R0.9a,读取显示器相应显示幅度R0.3b、R0.6b、R0.9b,分别计算它们的绝对偏差Ra和Rb,计算测量值与实际值的相对误差
	运行偏斜	检查系统实时记录并显示的大车运行偏斜参数,验证数值
	水平度	检查系统实时记录并显示的整体水平度的数值,用水平传感器等方式验证起重机的整体水平度
	回转角度	检查系统实时记录并显示起重机械的回转角度,验证数值

续表7.2

检验项目	检验参数	试验方法
监控状态验证	制动器开闭	在空载的条件下,进行起升机构动作的操作,检查系统有实时记录并显示制动状态开闭的信号
	联锁保护	1. 门限位 进行门限位开关闭合试验,检查系统显示与门限位状态是否一致,并实时记录和显示该项目。 2. 机构之间的运行联锁 在空载条件下,分别进行两机构的动作,其联锁应满足规定要求,系统应实时记录并显示联锁状态
	工况设置	检查系统对所有工况进行监控设置、显示和存储功能,现场查看显示、调阅工况资料,验证其有效性
	超速保护	验证超速保护装置是否输出信号,并实时记录和显示该项目
	防后倾	验证防后倾装置是否输出信号,并实时记录和显示该项目
其他项目	实时性	在做空载实验时,现场验证系统是否具有起重机械作业状态的实时显示功能,是否能以图形、图像、图标或文字的方式显示起重机械的工作状态和工作参数
	历史追溯性	调取连续工作一个工作循环过程中存储的所有信息,检查系统存储的数据信息或图像信息,其应包含数据或图像的编号,工作时间与试验的数据应一致。能追溯到起重机械的运行状态及故障报警信息
	故障自诊断	系统通电后,现场检查系统是否有运行自检的程序,是否能够显示自检结果,系统是否具有故障自诊断功能。发生故障而影响正常使用时,是否能立即发出报警信号
	断电信息保护	现场验证,当起重机械主机和安全监控管理系统电源断电重新启动后监控数据是否完整保存

7.3 几何参数测量

起重机外形如图 7.3 所示,其行驶状态的测量几何参数包括下列所有项目:

(1)最长主臂长度和最长副臂长度。

(2)最长主臂最大起升高度。

(3)起重机外廓尺寸:总长(L/L')、总宽(B_2)和总高(H)。

(4)履带的相关尺寸:履带长度(L_3)、履带接地长度(L_4)、履带宽度(B_1)、履带高度(H_1)和两履带总宽(伸/缩)(B_2/B)。

起重机作业状态的几何参数测量包括下列所有项目：

（1）基本臂臂长、最长主臂臂长。

（2）臂架的最大仰角和最小仰角。

（3）基本臂和最长主臂的最大起升高度。

几何参数的测量应符合 GB/T 12673 的规定，测量结果相对于公称值的允许误差如下：尺寸不大于 1%；角度不大于 1°。

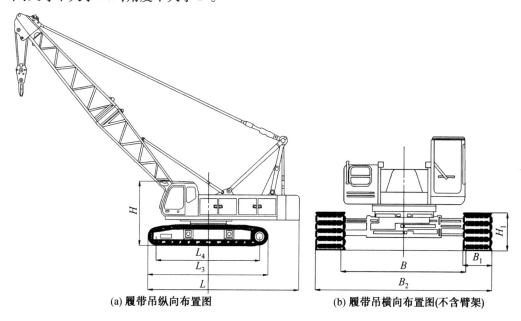

(a) 履带吊纵向布置图　　　　　(b) 履带吊横向布置图(不含臂架)

图 7.3　起重机外形图

7.4　行驶性能试验

7.4.1　车速表检查

车速表标度盘应位于驾驶员的直接视野以内，且昼夜都能清晰易读，指示车速范围应能包容制造厂对该型汽车给出的最高车速。车速表的速度单位应以 km/h 表示。在 20 km/h 以上至上限速度值之间，分度值应标示成 1 km/h、2 km/h、5 km/h、10 km/h 中的任一种。

7.4.2　行驶试验

起重机出厂前应在符合一、二级公路条件的路面上或专用试验跑道进行行驶试验，行驶试验的里程，应不少于 20 km。行驶试验过程中检查项目至少应包括：

（1）整机装配技术状态，包括紧固状况、机构行程和自由间隙等。

（2）各总成的温度（包括发动机水温和机油温度、变速器及驱动桥油温等）是否正常，检查其工作性能及工作状态。

（3）对转向、制动等机构的功能应密切关注，如发现异常应停车检查，找出原因，排除故障。

（4）车辆的外部照明和信号装置的工作状态。

（5）渗漏情况。

7.4.3 制动性能试验

1. 行车制动

起重机应在制造商规定的行驶状态下在平坦、硬实、清洁、干燥的混凝土或沥青路面上进行行车制动试验，稳定起始制动车速时进行制动。制动起始信号以完全踩下制动踏板瞬间为准，测量由信号发出至完全停车的时间段内，起重机的滑动距离。制动起始制动车速为 24 km/h 时，行车制动距离应不大于 9 m。如果最高车速小于 24 km/h，则以制造商规定的最高车速试验，行车制动距离应不大于 9 m。

试验时，起始制动车速应稳定在规定值的 10% 范围内，并用下式进行修正

$$L_s = L_S \left(\frac{v}{v_1} \right)^2$$

式中　L_s——修正后的制动距离，m；

　　　L_S——实测的制动距离，m；

　　　v——规定起始制动车速，km/h；

　　　v_1——实测的起始制动车速，km/h。

2. 驻车制动

起重机停在干燥、清洁、坚实、坡度为 20% 的沥青或混凝土路面上，用驻车制动器停车，保持稳定的静止状态。驻车制动器的效能连续考核 5 min 后，起重机反方向重复上述试验。试验过程中或试验结束后，轮胎起重机应不滑移。

7.4.4 车速测量试验

车速测量区的路段应为平坦、干燥、清洁、坚实的沥青或混凝土路面，纵向坡度应不大于 0.1%，横向坡度应不大于 3%。测量区两端应设置准备路段，试验应选择无雨无雾天气，风速不超过 3 m/s。

1. 最高车速测量

试验样车在驶入测量区前达到最高车速，以稳定的最高车速通过 100 m 的测量路段。起重机往返方向各试验三次，取平均值，实际最高车速按下式计算

$$v_{max} = \frac{3.6 S_n}{t}$$

式中　v_{max}——实际最高车速（或实际最高稳定车速），km/h；

　　　S_n——测量区段长度，m；

　　　t——通过测量区的平均时间，s。

2. 最低稳定车速测量

试验样车在驶入测量区前达到最低稳定车速,以该速度通过 50 m 的测量路段。起重机往返方向各试验三次,取平均值,实际最低稳定车速按下式计算

$$v_{\min} = \frac{3.6S_n}{t}$$

式中　$v_{\min}$——实际最低车速(或实际最低稳定车速),km/h;

　　　S_n——测量区段长度,m;

　　　t——通过测量区的平均时间,s。

3. 加速性能试验

试验样车在驶入测量区前可达到最低稳定车速。在制造商规定的行驶状态下,起重机以测试挡的最低稳定车速为初始速度匀速通过准备路程至加速试验路端起点处,急速将油门踩到底加速至该挡最高车速的 90%,记录加速过程,往返试验 3 次,取其平均值,并做出起重机加速时间与加速行程的关系曲线。

7.4.5　爬陡坡试验

爬陡坡试验的测试路段应为表面平坦、干燥、清洁、坚实、坡道均匀的自然坡道(沥青路面或混凝土路面),坡道长度超过起重机整车长度的三倍,其中测试路段的前后设有渐变路段,测试路段的坡道长度不应小于起重机整车长度的 1.5 倍,如图 7.4 所示。

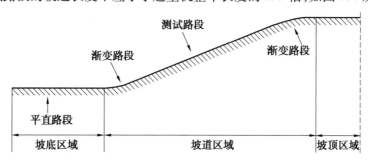

图 7.4　爬坡道路

试验开始时,起重机以最低稳定车速接近爬坡起点,然后迅速将发动机油门置于最大供油位置进行爬坡,直到试验终结。爬坡过程中驻车制动一次。检查爬坡、制动情况。试验重复三次。当起重机的功率和附着力有潜力时,在同一坡道上用高一挡的速度重复上述试验,然后折算出起重机在最低挡能连续通过的最大坡度角。

如果没有适当的坡道,可采用变速器较高一挡(如 Ⅱ 挡)进行试验,按下式折算为最大设计总质量,变速器使用最低挡时的爬坡度

$$a_m = \tan\left[\sin^{-1}\left(\frac{G_{a1}}{G_a}\frac{i_1}{i_2}\sin a_1\right)\right] \times 100\%$$

式中　a_m——最大爬坡度;

　　　a_1——试验时的实际坡度角,(°);

　　　G_{a1}——起重机实际总质量,kg;

G_a——起重机设计总质量,kg;

i_1——最低挡总速比;

i_2——实际总速比。

7.4.6 行走性能试验

起重机可活动零部件(车门、发动机盖、行李箱盖、货箱栏板等)应处于关闭状态,车外附件(号牌板(架)、外挂备胎等)应处于制造商设计状态。转向应以直线前进状态置于测量场地上,测量场地应为有水平坚硬覆盖层的支承表面。行走性能参数包括最高行走速度、跑偏量、行走制动功能、履带架伸缩功能。

1.最高行走速度

起重机的试验工况为空载、基本臂仰角为45°、起升和回转制动器均处于制动工况。试验时分别测量起重机以最高速度前进或后退各20 m所需的时间,计算起重机的最高行走速度。试验重复各三次,分别取前进或后退三次试验的平均值作为起重机的最高行走速度。

2.跑偏量

起重机的试验工况为空载、基本臂仰角为45°、起升和回转制动器均处于制动工况。起重机在没有人工干预的情况下,以最低稳定速度前进或后退行走各20 m的跑偏量e。试验重复三次,取最大值作为起重机的跑偏量。跑偏量测试图如图7.5。

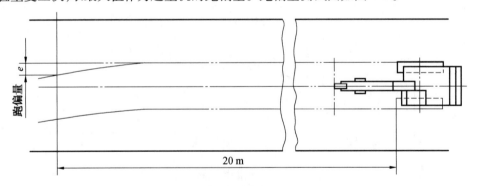

图7.5 跑偏量侧视图

3.行走制动功能

起重机的试验工况为空载、基本臂仰角为45°、起升和回转制动器均处于制动工况。试验时起重机在低速挡行走状态,以允许最高速度行走,能够可靠制动,测量试验重复三次。

4.履带架伸缩功能

履带架可以伸缩的起重机,履带架距离由最小调整到最大,再由最大调整到最小,观察履带架伸缩平稳性,试验重复三次。

7.4.7　侧倾稳定性试验

起重机在整备质量状态下的侧倾稳定角应不小于 15°。

7.5　作业参数测定

7.5.1　起升、下降速度

支腿处于规定的作业位置且基本臂和最长臂分别处于如下两种状态：

(1)基本臂任意工作幅度、任意吊钩倍率、主钩空载。

(2)基本臂任意工作幅度、按主卷扬设计的最大单绳拉力、主钩起吊相应起重量。

(3)最长臂架任意工作幅度、副钩空载。

(4)最长臂架任意工作幅度、按副卷扬设计的最大单绳拉力,副钩起吊相应起重量。

在上述的工况下,以最高速度起升或下降,测量吊钩或载荷通过 2 m(副钩为 10 m)行程所需的时间。试验重复三次,取平均值作为起升或下降速度的测定值。起升或下降速度试验的测定值符合制造商的技术文件要求即判定为合格。

7.5.2　回转速度

在支腿处于规定的作业位置,并且基本臂为最大仰角、主钩空载的工况下,回转机构以最高稳定回转速度左、右连续回转各 720°。试验重复三次,取平均值作为回转速度的测定值。回转速度的测定值,符合制造商的技术文件要求即判定为合格。

7.5.3　变幅时间

在支腿处于规定的作业位置并且基本臂、主钩空载的工况下,在制造商规定仰角工作范围内以最高速度起臂、落臂各三次,分别取三次试验结果的平均值作为变幅时间的测定值。变幅时间的测定值,符合制造商的技术文件要求即判定为合格。

7.5.4　主臂伸、缩时间

在支腿处于规定的作业位置,并且主臂为最大仰角、主钩空载的工况下,主臂以最高速度由全缩(或全伸)状态运动到全伸(或全缩)状态,各试验三次,分别取三次试验结果的平均值作为主臂伸、缩时间的测定值。对于需要人工或机械辅助以达到伸缩的主臂,允许分段测量伸、缩时间。主臂伸、缩时间的测定值,符合制造商的技术文件要求即判定为合格。

7.5.5　活动支腿收放时间

起重机处于行驶状态置于平坦的沥青或混凝土地面上,水平支腿和垂直支腿以最高速度由全缩(或全伸)状态运动到全伸(全缩)状态,各试验三次,分别取三次试验结果的平均值作为支腿收放时间的测定值。支腿收放时间的测定值，符合制造商的技术文件要求即判定为合格。

7.6 承载性能试验

7.6.1 空载试验

试验时基本臂、主臂+固定副臂或主臂+变幅副臂的臂架组合时，起升吊钩，当吊钩达到设计规定的极限位置时高度限位器报警，并自动停止吊钩起升动作。操作强制开关后可继续向相同方向动作。试验重复三次。检查起重机各机构能否在规定的工作范围内正常工作，各种指示和限位装置是否能工作正常。

（1）吊钩以低速下降，当起升卷筒上缠绕的钢丝绳还剩 5 圈时（除固定绳尾的圈数外）下降深度限位器报警，并自动停止向危险方向运动。操作强制开关后可继续向相同方向动作。试验重复三次。

（2）基本臂分别以高速和低速进行全程范围内左右各回转360°，左右回转过程各制动一次。试验重复三次。

（3）主臂+变幅副臂或主臂+固定副臂时，分别对主臂、副臂和桅杆进行全程范围内的变幅，变幅到中间位置时制动一次。幅度达到设计规定的上下限制位置时，变幅限位器报警，并自动停止变幅。操作强制开关后可继续向相同方向变幅。试验重复三次。

（4）主臂由全缩（或全伸）状态运动到全伸（或全缩）状态，以低速和较高速度各进行三次，伸、缩过程中各制动一次。

（5）对主臂+变幅副臂和超起装置的臂架组合形式，分别使主臂、变幅副臂或桅杆的防后倾装置起作用。臂架或桅杆的后倾角度到限制位置时，系统自动报警，并自动停止向危险方向运动，可向安全方向动作。试验重复三次。

7.6.2 额定载荷试验

试验应在安全、操作平稳的前提下，分别以最低速和较高速对表7.3所列各工况进行试验，每种工况按规定的一次循环内容重复试验三次。验证起重机各机构在起吊相应工况100%额定起重量的试验载荷时的性能和超载保护装置、三色指示灯和安全监控管理系统的报警功能。

表7.3 额定载荷试验方法

标准工况		
臂架组合	试验工况	一次循环内容
基本臂	最大起重量 相应工作幅度 最大工作幅度 相应额定起重量	载荷起升到最大高度后，再下降到地面，载荷在下降过程中制动一次

续表7.3

标准工况		
中长臂	最小工作幅度 相应额定起重量	载荷起升到臂架可以回转的离地高度,在作业区范围内左右回转360°,在左右回转过程中各制动一次、两次 载荷起升到最大高度后,再下降到地面,载荷在升降过程中各制动一次
	最大工作幅度 相应额定起重量	载荷起升离地,起臂至最小工作幅度,再落臂至最大工作幅度,再将载荷下降到地面,在起、落臂过程中各制动一次
最长主臂	最小工作幅度 相应额定起重量	载荷起升到臂架可以回转的离地高度,在作业区范围内左右回转360°,在左右回转过程中各制动一次、两次 载荷起升到最大高度后,再下降到地面,载荷在升降过程中各制动一次
	最大工作幅度 相应额定起重量	载荷起升离地,起臂至最小工作幅度,再落臂至最大工作幅度,再将载荷下降到地面,在起、落臂过程中各制动一次
基本臂+ 最短副臂	最大工作幅度 相应额定起重量	载荷起升离地,起臂至最小工作幅度,再落臂至最大工作幅度,再将载荷下降到地面,在起、落臂过程中各制动一次
	最小工作幅度 相应额定起重量	载荷起升到臂架可以回转的离地高度,在作业区范围内左右回转360°,在左右回转过程中各制动一次、两次 载荷起升至最大高度后,再下降到地面,载荷在下降过程中制动一次
中长主臂+ 中长副臂	最小工作幅度 相应额定起重量	载荷起升离地,起臂至最小工作幅度,再落臂至最大工作幅度,再将载荷下降到地面,在起、落臂过程中各制动一次
	最大工作幅度 相应额定起重量	载荷起升到臂架可以回转的离地高度,在作业区范围内左右回转360°,在左右回转过程中各制动一次、两次 载荷起升至最大高度后,再下降到地面,载荷在下降过程中制动一次

续表 7.3

标准工况		
最长主臂+最短副臂	最大工作幅度相应额定起重量	载荷起升离地,起臂至最小工作幅度,再落臂至最大工作幅度,再将载荷下降到地面,在起、落臂过程中各制动一次
	最小工作幅度相应额定起重量	载荷起升到臂架可以回转的离地高度,在作业区范围内左右回转360°,在左右回转过程中各制动一次、两次 载荷起升至最大高度后,再下降到地面,载荷在下降过程中制动一次
最长主臂+最长副臂	最大工作幅度相应额定起重量	载荷起升离地,起臂至最小工作幅度,再落臂至最大工作幅度,再将载荷下降到地面,在起、落臂过程中各制动一次
	最小工作幅度相应额定起重量	载荷起升到臂架可以回转的离地高度,在作业区范围内左右回转360°,在左右回转过程中各制动一次、两次 载荷起升至最大高度后,再下降到地面,载荷在下降过程中制动一次

超起工况		
臂架组合	试验工况	一次循环内容
基本臂	最小工作幅度和相应的超起平衡重,超起平衡重回转半径、相应额定起重量	载荷起升到最大高度后,再下降到地面,载荷在下降过程中制动一次
	最大工作幅度和相应的超起平衡重,超起平衡重回转半径、相应额定起重量	
中长主臂	最小工作幅度和相应的超起平衡重、超起平衡重回转半径、相应额定起重量	载荷起升到臂架可以回转的离地高度,在作业区范围内左右回转360°,在左右回转过程中各制动一次、两次 载荷起升到最大高度后,再下降到地面,载荷在升降过程中各制动一次
	最大工作幅度和相应的超起平衡重、超起平衡重回转半径、相应额定起重量	载荷起升离地,起臂至最小工作幅度,再落臂至最大工作幅度,再将载荷下降到地面,在起、落臂过程中各制动一次

续表7.3

超起工况		
最长主臂	最小工作幅度和相应的超起平衡重、超起平衡重回转半径、相应额定起重量	载荷起升到臂架可以回转的离地高度,在作业区范围内左右回转360°,在左右回转过程中各制动一次、两次 载荷起升到最大高度后,再下降到地面,载荷在升降过程中各制动一次
最长主臂	最大工作幅度和相应的超起平衡重、超起平衡重回转半径、相应额定起重量	载荷起升离地,起臂至最小工作幅度,再落臂至最大工作幅度,再将载荷下降到地面,在起、落臂过程中各制动一次
基本臂+最短副臂	最大工作幅度和相应的超起平衡重、超起平衡重回转半径、相应额定起重量	载荷起升离地,起臂至最小工作幅度,再落臂至最大工作幅度,再将载荷下降到地面。在起、落臂过程中各制动一次
基本臂+最短副臂	相应的超起平衡重、超起平衡重回转半径、最小工作幅度、相应额定起重量	载荷起升到臂架可以回转的离地高度,在作业区范围内左右回转360°,在左右回转过程中各制动一次、两次 载荷起升到最大高度后,再下降到地面,载荷在升降过程中各制动一次
中长主臂+中长副臂	相应的超起平衡重、超起平衡重回转半径、最大工作幅度、相应额定起重量	载荷起升离地,起臂至最小工作幅度,再落臂至最大工作幅度,再将载荷下降到地面。在起、落臂过程中各制动一次
中长主臂+中长副臂	相应的超起平衡重、超起平衡重回转半径、最小工作幅度、相应额定起重量	载荷起升到臂架可以回转的离地高度,在作业区范围内左右回转360°,在左右回转过程中各制动一次、两次 载荷起升到最大高度后,再下降到地面,载荷在升降过程中各制动一次
最长主臂+最短副臂	相应的超起平衡重、超起平衡重回转半径、最大工作幅度、相应额定起重量	载荷起升离地,起臂至最小工作幅度,再落臂至最大工作幅度,再将载荷下降到地面。在起、落臂过程中各制动一次
最长主臂+最短副臂	相应的超起平衡重、超起平衡重回转半径、最小工作幅度、相应额定起重量	载荷起升到臂架可以回转的离地高度,在作业区范围内左右回转360°,在左右回转过程中各制动一次、两次 载荷起升到最大高度后,再下降到地面,载荷在升降过程中各制动一次

续表7.3

	超起工况	
最长主臂+最长副臂	相应的超起平衡重、超起平衡重回转半径、最大工作幅度、相应额定起重量	载荷起升离地，起臂至最小工作幅度，再落臂至最大工作幅度，再将载荷下降到地面。在起、落臂过程中各制动一次
	相应的超起平衡重、超起平衡重回转半径、最小工作幅度、相应额定起重量	载荷起升到臂架可以回转的离地高度，在作业区范围内左右回转360°，在左右回转过程中各制动一次、两次
		载荷起升到最大高度后，再下降到地面，载荷在升降过程中各制动一次

在试验过程中和试验结束后，符合下列要求应判定为合格：

（1）各部件能完成其性能试验，未发现机构或结构件有损坏，连接处没有松动。

（2）液压泵在设计转速（流量）时，各液压回路的工作压力符合设计要求。

（3）液压系统工作稳定，无异常噪声。

（4）仰角指示器、起重量限制器应符合 JB/T 9738 的规定，力矩限制器误差应符合 GB/T 12602 的规定。

（5）各制动器工作可靠、动作准确，起动和制动平稳。

（6）在 1~4 工况试验过程中，臂架在正侧方和正后方，任何支腿不应松动。

（7）具有带载行驶功能的起重机，在带载行驶过程中，起动和制动平稳。

7.6.3 动载荷试验

试验应在安全、操作平稳的前提下，分别以最低速和较高速对表7.4所列各工况进行试验，每种工况按规定的一次循环内容重复试验三次。试验时，按照使用说明书的要求，把加速度和减速度限制在适合于起重机正常运转的范围。在试验过程中或试验结束后，检查起重机的零部件是否产生对起重机的性能与安全有影响的损坏，连接处没有出现松动或损坏。同时，验证起重机的各机构在起吊相应工况110%额定起重量时各机构和制动器的功能。验证超载保护装置、三色指示灯和安全监控管理系统的报警功能。

表7.4 动载荷试验方法

	标准工况	
臂架组合	试验工况	一次循环内容
基本臂	110%最大起重量 相应工作幅度	载荷起升到最大高度后，再下降到地面，载荷在下降过程中制动一次
	最大工作幅度 相应110%额定起重量	

续表 7.4

标准工况		
中长臂	最小工作幅度 相应 110% 额定起重量	载荷起升到臂架可以回转的离地高度,在作业区范围内左右回转 360°,在左右回转过程中各制动一次、两次 载荷起升到最大高度后,再下降到地面,载荷在升降过程中各制动一次
	最大工作幅度 相应 110% 额定起重量	载荷起升离地,起臂至最小工作幅度,再落臂至最大工作幅度,再将载荷下降到地面,在起、落臂过程中各制动一次
最长主臂	最小工作幅度 相应 110% 额定起重量	载荷起升到臂架可以回转的离地高度,在作业区范围内左右回转 360°,在左右回转过程中各制动一次、两次 载荷起升到最大高度后,再下降到地面,载荷在升降过程中各制动一次
	最大工作幅度 相应 110% 额定起重量	载荷起升离地,起臂至最小工作幅度,再落臂至最大工作幅度,再将载荷下降到地面,在起、落臂过程中各制动一次
基本臂+ 最短副臂	最大工作幅度 相应 110% 额定起重量	载荷起升离地,起臂至最小工作幅度,再落臂至最大工作幅度,再将载荷下降到地面,在起、落臂过程中各制动一次
	最小工作幅度 相应 110% 额定起重量	载荷起升到臂架可以回转的离地高度,在作业区范围内左右回转 360°,在左右回转过程中各制动一次、两次 载荷起升至最大高度后,再下降到地面,载荷在下降过程中制动一次
中长主臂+ 中长副臂	最大工作幅度 相应 110% 额定起重量	载荷起升离地,起臂至最小工作幅度,再落臂至最大工作幅度,再将载荷下降到地面,在起、落臂过程中各制动一次
	最小工作幅度 相应 110% 额定起重量	载荷起升到臂架可以回转的离地高度,在作业区范围内左右回转 360°,在左右回转过程中各制动一次、两次 载荷起升至最大高度后,再下降到地面,载荷在下降过程中制动一次

续表7.4

标准工况		
最长主臂+最短副臂	最大工作幅度相应110%额定起重量	载荷起升离地,起臂至最小工作幅度,再落臂至最大工作幅度,再将载荷下降到地面,在起、落臂过程中各制动一次
	最小工作幅度相应110%额定起重量	载荷起升到臂架可以回转的离地高度,在作业区范围内左右回转360°,在左右回转过程中各制动一次、两次 载荷起升至最大高度后,再下降到地面,载荷在下降过程中制动一次
最长主臂+最长副臂	最大工作幅度相应110%额定起重量	载荷起升离地,起臂至最小工作幅度,再落臂至最大工作幅度,再将载荷下降到地面,在起、落臂过程中各制动一次
	最小工作幅度相应110%额定起重量	载荷起升到臂架可以回转的离地高度,在作业区范围内左右回转360°,在左右回转过程中各制动一次、两次 载荷起升至最大高度后,再下降到地面,载荷在下降过程中制动一次

超起工况		
臂架组合	试验工况	一次循环内容
基本臂	最小工作幅度和相应的超起平衡重,超起平衡重回转半径、相应110%额定起重量	载荷起升到最大高度后,再下降到地面,载荷在下降过程中制动一次
	最大工作幅度和相应的超起平衡重,超起平衡重回转半径、相应110%额定起重量	
中长主臂	最小工作幅度和相应的超起平衡重,超起平衡重回转半径、相应110%额定起重量	载荷起升到臂架可以回转的离地高度,在作业区范围内左右回转360°,在左右回转过程中各制动一次、两次 载荷起升到最大高度后,再下降到地面,载荷在升降过程中各制动一次
	最大工作幅度和相应的超起平衡重,超起平衡重回转半径、相应110%额定起重量	载荷起升离地,起臂至最小工作幅度,再落臂至最大工作幅度,再将载荷下降到地面,在起、落臂过程中各制动一次

续表7.4

超起工况		
最长主臂	最小工作幅度和相应的超起平衡重,超起平衡重回转半径、相应110%额定起重量	载荷起升到臂架可以回转的离地高度,在作业区范围内左右回转360°,在左右回转过程中各制动一次、两次 载荷起升到最大高度后,再下降到地面,载荷在升降过程中各制动一次
	最大工作幅度和相应的超起平衡重,超起平衡重回转半径、相应110%额定起重量	载荷起升离地,起臂至最小工作幅度,再落臂至最大工作幅度,再将载荷下降到地面,在起,落臂过程中各制动一次
基本臂+最短副臂	最小工作幅度和相应的超起平衡重,超起平衡重回转半径、相应110%额定起重量	载荷起升离地,起臂至最小工作幅度,再落臂至最大工作幅度,再将载荷下降到地面。在起、落臂过程中各制动一次
	最大工作幅度和相应的超起平衡重,超起平衡重回转半径、相应110%额定起重量	载荷起升到臂架可以回转的离地高度,在作业区范围内左右回转360°,在左右回转过程中各制动一次、两次 载荷起升到最大高度后,再下降到地面,载荷在升降过程中各制动一次
中长主臂+中长副臂	最小工作幅度和相应的超起平衡重,超起平衡重回转半径、相应110%额定起重量	载荷起升离地,起臂至最小工作幅度,再落臂至最大工作幅度,再将载荷下降到地面。在起、落臂过程中各制动一次
	最大工作幅度和相应的超起平衡重,超起平衡重回转半径、相应110%额定起重量	载荷起升到臂架可以回转的离地高度,在作业区范围内左右回转360°,在左右回转过程中各制动一次、两次 载荷起升到最大高度后,再下降到地面,载荷在升降过程中各制动一次
最长主臂+最短副臂	最小工作幅度和相应的超起平衡重,超起平衡重回转半径、相应110%额定起重量	载荷起升离地,起臂至最小工作幅度,再落臂至最大工作幅度,再将载荷下降到地面。在起、落臂过程中各制动一次
	最大工作幅度和相应的超起平衡重,超起平衡重回转半径、相应110%额定起重量	载荷起升到臂架可以回转的离地高度,在作业区范围内左右回转360°,在左右回转过程中各制动一次、两次 载荷起升到最大高度后,再下降到地面,载荷在升降过程中各制动一次

续表 7.4

	超起工况	
最长主臂+ 最长副臂	最小工作幅度和相应的超起平衡重,超起平衡重回转半径、相应110%额定起重量	载荷起升离地,起臂至最小工作幅度,再落臂至最大工作幅度,再将载荷下降到地面。在起、落臂过程中各制动一次
	最大工作幅度和相应的超起平衡重,超起平衡重回转半径、相应110%额定起重量	载荷起升到臂架可以回转的离地高度,在作业区范围内左右回转360°,在左右回转过程中各制动一次、两次
		载荷起升到最大高度后,再下降到地面,载荷在升降过程中各制动一次

在试验过程中和试验结束后,符合下列要求应判定为合格:

(1)基本臂在 5 次循环(1 号试验工况)连续试验结束后,液压油箱内液压油的相对温升不大于 45 ℃,但最高油温不应超过 80 ℃。

(2)试验过程中,在任何起升操作条件下,载荷均不应出现明显的反向动作。

(3)在 1~4 工况试验过程中,允许有一个支脚松动,但支脚板不应抬离支承面。

(4)在序号 5 工况,带载行驶试验过程中,起动和制动平稳。

(5)各部件能完成其功能试验,未发现机构或结构件有损坏,连接处也没有出现松动或损坏。

7.6.4　带载行走试验

为验证履带起重机的带载性能,分别进行以下四类试验,每次试验重复三次。

1.标准工况试验

中长主臂、最小工作幅度、臂架位于行走方向的正前方,起吊带载行走工况 110% 额定起重量的试验载荷,载荷起升到离地高度 500 mm 左右,起重机以最低稳定速度直线前进和后退行走各 20 m。

2.超起工况试验

相应的超起平衡重、超起平衡重回转半径、中长主臂、最小工作幅度、臂架位于行走方向的正前方,起吊带载行走时相应工况 110% 额定起重量的试验载荷,载荷起升到离地高度 500 mm 左右,起重机以最低稳定速度直线前进和后退行走各 20 m。

3.起升机构制动性能

基本臂,最小工作幅度时,起吊相应工况 110% 额定起重量的试验载荷,载荷起升到离地 3 m 高处停留至少 5 min,起升机构未见打滑。

4.安全装置验证

在试验过程中,验证超载保护装置、三色指示灯和安全监控管理系统的报警功能:

(1)试验载荷在相应工况 100% ~110% 额定起重量时,额定起重量限制装置应连续报警,并自动停止向危险方向运动,允许向安全方向动作,操作强制开关后可继续向相同方向动作。

（2）试验载荷超过相应工况 100% 额定起重量时，三色指示灯的红灯亮，并报警。

7.6.5　静载荷试验

为验证起重机及其各部分结构的承载能力，在标准工况和超超工况时分别进行如下试验：起重机在基本臂、基本臂+最短副臂组合，臂架处于最不利的方向，起吊相应工况额定起重量最大值的 1.25 倍试验载荷，载荷起升到离地高度 200 mm 左右，停留 10 min 后，再下降到地面。

在试验过程中和试验结束后，符合下列要求应判定为合格：

（1）机构或结构件未产生裂纹、永久性变形。

（2）未产生对起重性能和安全性能有影响的损坏。

（3）连接处未出现松动或损坏，油漆无剥落现象。

（4）臂架在规定的作业范围内的任何位置，允许有一个支腿抬起，但其固定支腿最外缘的抬起量不应大于 50 mm。

7.7　其他试验项目

7.7.1　密封性能试验

试验过程中，环境温度的相对温差不大于 ±5 ℃。试验工况为基本臂在最小工作幅度下，起吊最大起重量；臂架位于垂直支腿压力最大的位置；基本臂在最小的工作幅度下，起吊最大起重量，起升到某一高度后，回转到某一支腿压力最大的位置，试验载荷在空中停稳后，发动机熄火。试验持续 15 min，变幅油缸和垂直支腿油缸的回缩量应不大于 2 mm，载荷下沉量不大于 15 mm。如果第一次试验结果油缸的回缩量大于 2 mm，可再重复试验两次，取三次试验结果的平均值作为油缸的回缩量。

在空载试验、额定载荷试验、动载荷试验和静载荷试验过程中或试验结束后 15 min 内，发动机、燃油箱、液压油箱、油泵、油马达、液压油缸、液压阀、管接头、油堵等连接部位，不滴油为合格。具体的判断为固定结合面部位手摸无油膜、相对运动部位目测无油渍为不渗油；渗出的油渍面积不超过 100 cm² 或 15 min 不滴一滴油，视为不滴油。

7.7.2　支承接地比压测定

支腿平均接地比压，用起重机总质量及起吊最大起重量之和的重力对应于支脚（或轮胎）的分力除以相应支脚（或轮胎）接地面积的值来表示，按下式计算

$$Q = \frac{F}{A}$$

式中　Q——支腿平均接地比压，kPa；

　　　F——起重机总质量及起吊最大起重量之和的重力对应于支脚的分力，kN；

　　　A——支脚接地面积，m²。

支承接地比压小于 3 500 kPa 为合格。

7.7.3　液压系统试验

1. 压力测定

检测起重机在额定工况下,液压回路最大工作压力是否达到设计要求,其值应符合 JB/T 9738 中的有关规定。测试工况项目见表7.5。

表 7.5　压力测试工况及方法

试验工况	一次循环内容	循环次数
基本臂;最小额定工作幅度;相应工作幅度;吊臂处在支腿最大受压位置	重物由地面升到最高位置至下降到地面	3
基本臂;最大额定工作幅度;相应工作幅度;吊臂在正侧方	重物由地面起升到能回转的最低高度后在作业区内作180°左右回转	3
基本臂;幅度从最大到最小;相应起重量;吊臂在正侧方	重物起升离地200 mm,从起臂到最小工作幅度至落臂到最大工作幅度	3
基本臂到最长臂;仰角 50°～60°;伸缩允许重量;吊臂在正侧方	重物起升离地200 mm,从伸臂到极限位置至缩臂到全缩位置	3

2. 压力损失的测定

在空载、液压泵为起重机设定的最大转速、液压油油温为50C±5 ℃的工况下,检测各液压回路的实际压力损失,其值应符合 JB/T 9738 中的有关规定。通过压力传感器或压力表测出各点间的压力差,计算出压力损失值,测试项目见表7.6。

表 7.6　压力损失测试工况及方法

测试项目	操作阀杆位置	测定值
中位压力损失	操作阀杆均处于中间位置	液压泵出口压力
起升液压回路压力损失	起升操作阀杆均处于上升位置	液压泵出口与起升马达进口间的压差
		起升马达出口压力
回转液压回路压力损失	回转操作阀杆均处于工作位置	液压泵出口与回转马达进口间的压差
		回转马达出口压力
变幅液压回路压力损失	变幅操作阀杆均处于起臂位置	液压泵出口与变幅液压缸进口间的压差
		变幅液压缸出口压力

3. 压力冲击试验

在基本臂、最大额定起重量、相应工作幅度、吊臂处在支腿最大受压位置的工况下,重物起升至最大起升高度,以额定速度下降距地面 2～1 m 时快速制动,通过压力传感器、动态应变仪、示波器、记录仪进行记录,整理确定压力冲击峰值及其过渡时间,测定液压系统中由动载荷作用而引起各密封腔内瞬时压力变化情况。测量部分包括起升用马达回油口(下降时)、变幅液压缸无杆腔、相应支腿垂直液压缸无杆腔。

7.7.4　排气烟度测量

烟度检验前,受检机械装置的柴油机应充分预热。在机械装置连续测试过程中,应确保发动机处于正常工作的状态。采用自由加速法进行烟度测量,即在 1 s 时间内,将油门踏板快速、连续但不粗暴地完全踩到底,使喷油泵供给最大油量。在松开油门踏板前,发动机应达到断油点转速(以手动或其他方式控制供油量的发动机采用类似方法操作),在测量过程中应进行检查。用不透光烟度计连续测量所述工况下的排气的光吸收系数,采样频率不应低于 1 Hz,取测量过程中不透光烟度计的最大读数值作为测量结果。

7.7.5　结构试验

1. 结构应力测试

在加载和测试过程中,回转机构或转台应锁定在规定的位置上。侧载可以采用载荷侧向偏移的方法作用于臂架头部,但应保证在加侧载时不产生铅垂方向的附加分力。水平侧向载荷的方向应与臂架的纵向轴线垂直。侧载系数 y 取 5%,或者根据制造商提供的侧载系数进行试验。结构应力测试工况及测试项目见表 7.7。

表 7.7　结构试验工况及载荷表

试验工况	试验目的	被测结构	测试项目
相应的工作幅度和支腿跨距;臂架在正后方、正侧方及支腿最大压力处,基本臂起吊最大起重量 P_{rmax}	验证主要结构件的强度	车架、支腿、臂架、转台和变幅支架	结构件应力
桁架臂端部在变幅平面内垂直于臂架轴线方向的静位移;桁架臂端部在回转平面内的水平静位移			
相应的工作幅度和支腿跨距;基本臂在正侧方起吊最大起重量 P_{rmax};臂架在正侧方加侧载 φP_{max}	验证臂架刚度	臂架	臂架端部在变幅平面内垂直于臂架轴线方向的静位移
			臂架端部在回转平面内的水平静位移
相应的工作幅度和支腿跨距;臂架在正侧方,各级主臂全伸起吊相应额定起重量 P_h;臂架在正侧方加侧载 φP_h	验证各级主臂的强度和刚度	各级主臂、超起	结构件应力
			各级主臂端部在变幅平面内垂直于臂架轴线方向的静位移
			各级主臂端部在回转平面内的水平静位移

续表7.7

试验工况	试验目的	被测结构	测试项目
相应的工作幅度和支腿跨距;臂架在正侧方,最长臂架起吊相应额定起重量 P_{fmax} 臂架在正侧方加侧载 φP_{fmax}	验证主臂和桁架臂的强度及刚度	主臂、桁架臂、超起	结构件应力 桁架臂端部在变幅平面内垂直于臂架轴线方向的静位移 桁架臂端部在回转平面内的水平静位移
安装工况	验证各结构件的安装强度	臂架、变幅支架	结构件应力
行驶状态	转台、臂架支架强度	转台、臂架支架	结构件应力

2. 结构位移测量

结构变形的测量值受测试条件的影响,数据不完全是该结构件的受力弹性位移,同时包括基础下沉,结构连接间隙,以及其他结构件的变形对被测结构的影响等,因此测试时应尽可能排除影响因素,测得比较准确的弹性位移。

臂架端部在变幅平面内的变形,可通过臂架起吊额定起重量,测量臂架端部在载荷作用下的垂直分量,水平分量和臂架仰角,然后计算臂架在变幅平面内垂直于臂架轴线方向的静位移;或通过臂架头部固定一个十字架式的标尺,其上有水平和垂直刻度,用经纬仪测量。

在相应工作幅度起吊额定载荷作用下,只考虑臂架端部变形时,臂架端部在变幅平面内垂直于臂架轴线方向的静位移 f_L,按下式评定测试结果

$$f_L \leqslant kL_c^2$$

式中　f_L——静位移,cm;

　　　L_c——臂架长度,m;

　　　k——系数。当 $L_c < 45$ m 时,k 值取 0.1;当 $L_c \geqslant 45$ m 时,k 值取 $0.1 \sim 0.15$。

在相应工作幅度起吊额定载荷及在臂架端部施加数值为5%(或制造商提供的侧载系数)的额定载荷的水平侧向力时,臂架端部在回转平面内的水平静位移 Z 按下式评定测试结果

$$Z_L \leqslant 0.07L_c^2$$

式中　Z_L——水平静位移,cm。

3. 结构动态特性测试

起重机臂架全伸、仰角在40°~50°、空载,测试做缩臂运动时产生的振动。测试项目包括起重机结构件危险应力区危险点的动态应力、司机室的振动特性。各部位的最大应力点由振动产生的最大应力不应超过许用应力;司机室操纵台和座椅处的水平方向和垂直方向加速度应小于 $0.2g$。

7.8　本章小结

本章介绍了变电站用起吊装备检验规范,针对准备性检验、几何参数测量、行驶性能试验、作业参数测定、承载性能试验、其他试验 6 个检测项目,对试验工况、试验方法和合格判定进行了详细的说明,为变电站用起吊装备的合格验收和安全运行提供了科学指导。

参 考 文 献

［1］汤德英. 塔式起重机基础设计分析［J］. 福建建设科技,2023(03):115-118.

［2］黎洪安,鞠晓鹏,吴依娇. 山区陡峭地形下悬臂梁式塔式起重机基础的设计与分析［J］. 建筑技术,2023,54(10):1195-1198.

［3］裴看看,王全先,张恒. 单臂架门座起重机的变幅机构尺寸优化设计［J］. 机械工程与自动化,2023(02):49-50+53.

［4］起重机 设计通则 锻钢吊钩的极限状态和能力验证(GB/T 41676—2022)［S］. 北京:中国标准出版社,2022.

［5］张晓静. 桥式起重机防摇摆控制方案设计与实现［J］. 矿业装备,2022(05):207-209.

［6］张兴晨,张正得,王玉国,等. 轮式起重机载荷谱计算软件数据库设计［J］. 南京工程学院学报(自然科学版),2022,20(03):38-43.

［7］郭小强. 港口集装箱起重机实验设备的设计与研究［D］. 连云港:江苏海洋大学,2022.

［8］王吉贤. 轮式起重机液压油缸参数化设计及有限元分析［D］. 长春:吉林大学,2022.

［9］李鳌. 门式起重机主梁风荷载特性研究及抗风减载设计［D］. 成都:西南交通大学,2021.

［10］李成. 多自由度可控港口门座式起重机机构设计与研究［D］. 柳州:广西科技大学,2020.

［11］董春,朱晨嵘,施宇雷. 移动式港口高架起重机电气系统应用［J］. 起重运输机械,2023(8):5.

［12］伍步胜. 浅谈起重机械的故障诊断与检验检测［J］. 中国设备工程,2021(24):2.

［13］张志坚,邝湘宁,张芳,等. 在用港口起重机抗风防滑装置基本情况分析［J］. 建筑机械,2018(5):3.

［14］王印民. 浅谈门式起重机行走机构制动方式改进优化策略探析［J］. 电子乐园,2019(15):1.

［15］王光楚. 超期服役的固定式起重机事故隐患分析［J］. 特种设备安全技术,2021(1):45-46.

［16］唐远辉,张克强,汪可,等. 具初始裂纹的起重机焊接构件疲劳裂纹扩展实验和疲劳寿命估算［J］. 科技视界,2020(11):4

［17］张力. 研究电力系统变电运行的安全管理和设备维护［J］. 电子乐园,2019(15):0008-0008.

［18］宋元岭. 桥式起重机静动力学仿真与研究［D］. 太原:太原科技大学,2016.

［19］罗冰. 起重机柔性臂架系统动力学建模与分析方法研究［D］. 哈尔滨:哈尔滨工业大学,2009.

［20］丁克勤,乔松.基于虚拟仿真的起重机械动力学评价方法探索［C］//北京力学会.
　　　北京力学会第十六届学术年会论文集,2010:2.

［21］李天擎,边文奎,贾明兴,等.基于频谱特征分析的起重机械啃轨故障监测研究［J］.
　　　中国特种设备安全,2021,37(04):24-35.

［22］SUN G F,LIU J. Dynamic responses of hydraulic crane during luffing motion［J］.
　　　Mechanism and Machine Theory:Dynamics of Machine Systems Gears and Power Trand-
　　　missions Robots and Manipulator Systems Computer-Aided Design Methods,2006,41
　　　(11):1273-1288.

［23］RAFTOYIANNIS I G,MICHALTSOS G T. Dynamic behavior of telescopic cranes boom
　　　［J］. International Journal of Structural Stability & Dynamics,2013,13(1):1-13.

［24］TRABKA A. Dynamics of telescopic cranes with flexible structural components［J］. In-
　　　ternational Journal of Mechanical Sciences,2014,88:162-174.

［25］LIKINS P W. Finite element appendage equations for hybrid coordinate dynamic analysis
　　　［J］. International Journal of Solids and Structures,1972,8(7):709-731.

［26］LIKINS P W. Dynamic analysis of system of hinge-connected rigid bodies with non-rigid
　　　appendages［J］. International Journal of Solids and Structures,1973,9(7):1473-1487.

［27］MEIROVITCH L,NELSON H. High spin motion of satellite containing elastic parts［J］.
　　　Spacecraft and Rocket,1966,13(2):1597-1602.

［28］RISMANTAB-SANY J,SHABANA A A. On the use of momentum balance in the impact
　　　analysis of constrained elastic system［J］. Journal of Vibration and Acoustics,1990,112
　　　(2):119-126.

［29］KHULIEF Y A,SHABANA A A. Impact responses of multi-body systems with consistent
　　　and masses［J］. Journal of Sound and Vibration,1986,104(2):187-207.

［30］CHANGIZI K,SHABANA A A. Pulse control of flexible multi-body systems［J］.
　　　Computers and Structures,1986,24(6):875-884.

［31］YIGIT A S. The effect of flexibility on impact response of a two link rigid-flexible
　　　manipulator［J］. Journal of Sound and Vibration,1994,177(3):349-361.

［32］MODI V J. Attitude dynamics of satellite with flexible appendages—A brief review［J］.
　　　Spacecraft and Rocket,1972,10(3):734-751.

［33］KANE T R,LEVINSON D A. Formulation of equations of motion for complex spacecraft
　　　［J］. Guidance and Control,1980,3(2):99-112.

［34］隋立起,郑钰琪,王三民.刚柔耦合多体系统的冲击响应分析方法及应用研究［J］.
　　　振动与冲击,2012,31(15):26-29.

［35］孙光复,张立山.桁架臂式工程起重机回转运动的多体动力学仿真［J］.沈阳建筑
　　　大学学报(自然科学版),2004,20(4):348-351.

［36］王殿龙,关伟,滕儒民,等.全地面起重机多体动力学仿真平台研究［J］.中国工程
　　　机械学报,2011,9(2):189-193.

［37］仲作阳,孟光,荆建平,等.基于 Modelica 汽车起重机支腿系统失稳分析的建模仿真
　　　［J］.起重运输机械,2012(2):22-26.

[38] 郑钰琪,隋立起,王三民. 汽车起重机振动模态研究[J]. 机械设计与制造,2011(11):107-108.

[39] 李文华,周育才,汤宇翔. 门座起重机变幅系统机电耦合分析[J]. 机床与液压,2018,46(15):169-171,150.

[40] 吴晓明,赵燕. 液压凿岩台车钻臂变幅系统的联合仿真[J]. 液压气动与密封,2012,32(9):13-17.

[41] 李文华,周育才,汤宇翔. 门座起重机变幅系统机电耦合分析[J]. 机床与液压,2018,46(15):169-171,150.

[42] 涂佳玮,车仁炜,陆念力. 动臂式起重机吊重变幅摆动系统动力学分析与仿真[J]. 机械制造,2012,50(10):33-36.

[43] 贾海明. 基于ADAMS的爬杆机器人动力学仿真研究[D]. 邯郸:河北工程大学,2018.

[44] 田宇. 基于ADAMS的某8×8车辆通过性仿真与分析[D]. 合肥:合肥工业大学,2018.

[45] 严钟辉. 基于ADAMS的客车空气悬架与差动制动防侧翻模糊集成控制系统研究[D]. 福州:福州大学,2014.

[46] 张洪才,何波. 有限元分析[M]. 北京:机械工业出版社,2011.

[47] 机械产品结构有限元力学分析通用规则(GB/T 33582—2017)[S]. 北京:中国标准质检出版社,2017.

[48] 黄志新. ANSYS Workbench 16.0超级学习手册[M]. 北京:人民邮电出版社,2016.

[49] 周炬,苏金英. ANSYS Workbench有限元分析实例详解[M]. 北京:人民邮电出版社,2017.

[50] 胡留现,李一帆. 塔式起重机静力学及模态分析研究[J]. 洛阳理工学院学报(自然科学版),2010,20(01):35-39.

[51] 刘玉峰. 基于ANSYS的桥式起重机结构力学性能分析及优化[D]. 西安:西安建筑科技大学,2012.

[52] 黄飞. 随车起重机结构设计优化与仿真研究[D]. 合肥:合肥工业大学,2015.

[53] 刘玉江. 随车起重机的结构分析和优化设计[D]. 天津:河北工业大学,2016.

[54] 曾春. 基于ANSYS的桥式起重机桥架结构有限元动态分析研究[D]. 武汉:武汉理工大学,2006.

[55] 孙民,王志远,付为刚. 桥式起重机起吊过程的动力学分析[J]. 机械,2010,37(05):12-14+77.

[56] 晋民杰,胡琴,范英,等. 某400型随车起重机特性分析[J]. 太原科技大学学报,2016,37(06):480-485.

[57] 伍俊民. 基于ADAMS的600 t起重船起重机结构动态仿真研究[D]. 武汉:武汉理工大学,2012.

[58] 罗宪君. 起重机整车电气系统设计[D]. 济南:山东大学,2012.